THE FEATHER THIEF

BEAUTY, OBSESSION,
AND THE NATURAL HISTORY HEIST OF THE CENTURY

遇见天堂鸟

湖南文艺出版社
HUNAN LITERATURE AND ART PUBLISHING HOUSE
博集天卷
CS-BOOKY

[美] 柯克·华莱士·约翰逊（KIRK WALLACE JOHNSON）——著　韩雪——译

著作权合同登记号：图字 18-2019-157

图书在版编目（CIP）数据

遇见天堂鸟 /（美）柯克·华莱士·约翰逊（Kirk Wallace Johnson）著；韩雪译 . -- 长沙：湖南文艺出版社，2019.8
书名原文：THE FEATHER THIEF: Beauty, Obsession, and the Natural History Heist of the Century
ISBN 978-7-5404-9305-9

Ⅰ . ①遇… Ⅱ . ①柯… ②韩… Ⅲ . ①鸟类—关系—社会史—世界 Ⅳ . ① Q959.7 ② K107

中国版本图书馆 CIP 数据核字（2019）第 118535 号

上架建议：非虚构 · 纪实

YUJIAN TIANTANGNIAO
遇见天堂鸟

作　　者：[美] 柯克 · 华莱士 · 约翰逊
译　　者：韩　雪
出 版 人：曾赛丰
责任编辑：薛　健　刘诗哲
监　　制：蔡明菲　邢越超
策划编辑：李　荡　蔡文婷
版权支持：姚姗姗
营销支持：杜　莎　傅婷婷　文刀刀　周　茜
装帧设计：利　锐
内文排版：百朗文化
出版发行：湖南文艺出版社
（长沙市雨花区东二环一段 508 号　邮编：410014）
网　　址：www.hnwy.net
印　　刷：北京中科印刷有限公司
经　　销：新华书店
开　　本：880mm × 1230mm　1/32
字　　数：206 千字
印　　张：8.5
版　　次：2019 年 8 月第 1 版
印　　次：2019 年 8 月第 1 次印刷
书　　号：ISBN 978-7-5404-9305-9
定　　价：45.00 元

若有质量问题，请致电质量监督电话：010-59096394
团购电话：010-59320018

献给玛丽·约瑟：

在你飞落于我的生命之树前，一切皆是黑白。

人类多不满足于只观赏美，而必定要占有美。

巴布亚新几内亚总理、国父迈克尔·索马雷爵士，1979年

目录

遇 见 天 堂 鸟

THE
FEATHER
THIEF

Ⅲ 真相与后话

序言

THE FEATHER THIEF

埃德温·里斯特走下火车，踏上距伦敦以北 40 英里的特林站台。此时天色已晚。小镇一片寂静，居民已经用过晚餐，孩子们正进入梦乡。他开始了通往小镇的长途跋涉，米德兰铁路也随之消逝于夜色之中。

几小时前，埃德温在英国皇家音乐学院为纪念海顿（Haydn）、韩德尔（Handel）和门德尔松（Mendelssohn）而举办的“伦敦音景”音乐会上进行了表演。在音乐会开始前，他将一副乳胶手套、一支小型的 LED 手电筒、一把钢丝钳和一把金刚石玻璃刀装入一个大拉杆箱，塞进了他在音乐厅的储物柜。埃德温与瘦高的彼得·汤森（Pete Townshend）有几分相似：锐利的目光、高挺的鼻子、乱蓬蓬的头发，只不过他吹奏的是长笛，而不是飞快地弹奏芬德吉他。

夜空中挂着一轮新月，使这段原本便昏暗的路变得越发幽暗。他拖着行李箱，穿过淤泥和沙砾，沿着路边走了将近一小时，头顶粗糙多节的树木缠满了藤蔓。北面是寂静的特尔汉格森林，南面是切斯特纳特森林，其间有休耕的田地和偶尔出现的小灌木丛。

一辆汽车轰鸣而过，前灯发出刺眼的光。他感到一阵兴奋，知道自己接近目的地了。

特林集镇的入口守着一家名为“罗宾汉”的16世纪小酒馆。几条路之外，37号公共人行道的入口隐现于古老的特林啤酒厂和汇丰银行之间，当地人称之为“银行巷”。这条小巷不超过8英尺宽，两侧围有7英尺高的砖墙。

埃德温悄悄走进小巷，陷入一片漆黑之中。他一路摸索前行，直到站在已预先探察了几个月的建筑物前。

他与这幢建筑物只有一墙之隔。墙上围着三股有倒钩的铁丝，要不是带着钢丝钳，他的计划可能已经泡汤了。在剪出一个缺口后，他将行李箱举到壁架上，自己也爬上了墙。他不安地环视四周，没有保安的踪影。他在墙上的栖身之处与建筑物最近的窗子有几英尺的距离，这形成了一道小小的沟壑。如果掉下去，他可能会伤到自己，更糟的是，可能会弄出响声，触发报警系统。但他早就知道这不是一件轻而易举的事情。

他蹲伏在墙上，将玻璃刀伸向窗户，开始沿着窗格切割玻璃。尽管这比他料想的要困难，他还是尽力要割开一个缺口。这时，玻璃刀从他手中滑落，掉入了沟壑中。他思绪飞转。这是一个预兆吗？他正想着要放弃这个疯狂的计划，这时一个声音喊道：等等！现在不能放弃。你都已经走到了这一步！在过去几个月中，正是这个声音一直敦促他向前。

他爬下墙，捡起一块石头，又爬上墙站稳，四下窥探，看是否有保安的踪影，随后把窗子打破，将行李箱从满是锋利碎片的缺口塞进去，接着爬进了大英自然历史博物馆。

埃德温并没有意识到自己已经触发了保安室的警报器。他掏出LED手电筒，沿着走廊朝收藏室走去，手电筒在他前方投下了微弱的光亮。一切正如他在脑海中演练的一般。

他悄悄地推着行李箱，穿过了一条又一条走廊，离他所见过的最美之物越来越近。如果这次他能得手，这些美丽之物将带给他名誉、财富和声望，会使他的难题迎刃而解。它们是他应得的。

他进入了收藏室。数百个白色大铁柜像哨兵似的一排排站着，他开始行动。他拉出了第一个抽屉，一股樟脑丸的味道扑面而来。12 只红领果伞鸟在他的指尖下颤动，它们是数百年来博物学家和生物学家从南美的森林和丛林中收集而来的，并由一代代的研究员精心保存，以供日后研究之用。尽管光线昏暗，但它们铜橙色的羽毛仍闪着微光。每只鸟从喙到脚的长度大概有一英尺半，如下葬般的姿势，仰卧长眠，眼窝里塞着棉花，双脚紧贴着身体。它们的腿部绑着每只鸟来历信息的标签，标签上的字迹是手写的，已经褪色，上面记录着这些鸟被捕获的日期、海拔高度、纬度和经度，以及其他一些重要细节。

他拉开了行李箱，开始将鸟塞进去，掏空了一个又一个抽屉。他一把把抓起的皇霸鹟亚种是一个世纪前在哥伦比亚西部金迪奥省安第斯山脉地区捕获的。他不清楚箱子究竟能装多少只鸟，但博物馆里此类雄性标本共有 48 个，他已成功将其中的 47 个塞进了箱子里。接着，他推着行李箱走向了下一个柜子。

楼下保安室里，保安正盯着小小的电视屏幕，全神贯注地观看一场足球比赛，他还没有注意到监控面板上警报指示器的闪烁。

埃德温打开了下一个柜子，里面露出了几十只凤尾绿咬鹃，它们是 19 世纪 80 年代从巴拿马西部奇里基云雾林收集而来的。如今，这一物种因受到大规模森林采伐的威胁，而得到了国际条约的保护。这种鸟身长将近 4 英尺，很难被塞进行李箱里，但埃德温轻轻地将其弧形长尾卷成小圈，巧妙地往箱子中塞了 39 只。

埃德温沿着过道前行，打开了另一个柜子的门。这个柜子里储藏的是中南美洲的伞鸟亚种。他偷取了 14 张已有百年历史的秀丽伞鸟皮。秀丽伞鸟体形较小，呈蓝绿色，胸部为紫红色，常见于中美洲。在此之前，他还偷了馆藏的 37 个紫胸伞鸟标本、21 张辉伞鸟皮及 10 张条纹伞鸟皮。条纹伞鸟是濒危物种，据估计，现今存活的成年个体只有 250 只。

1835 年，查尔斯·达尔文（Charles Darwin）在乘“皇家贝格尔号”航行时，收集了加拉帕戈斯群岛上的雀类和嘲鸫，这在其自然选择进化论的发展过程中起到了重要作用。如今，这些鸟就存放在附近的抽屉里。该博物馆最具价值的藏品有已灭绝鸟类的骨架和皮毛（其中包括渡渡鸟、大海雀、旅鸽）以及一本约翰·詹姆斯·奥杜邦（John James Audubon）所著的大开本的《美洲鸟类》（*The Birds of America*）。总体而言，特林博物馆是世界上规模最大的鸟类标本收藏馆之一，存有 75 万张鸟皮、1.5 万具骨架、1.7 万只保存在酒精中的鸟、4000 个鸟窝和 40 万组鸟蛋。这些藏品是几个世纪以来，人们从世界各地最偏远的森林、山坡、丛林和沼泽中收集而来的。

然而，埃德温闯入博物馆并非为了得到土褐色的雀鸟。当他推着行李箱最终在一个大柜子前停下时，他已经搞不清楚自己在收藏室里待了多久。一块小饰板标明了柜子里的所装之物：天堂鸟。37 只王天堂鸟、24 只丽色天堂鸟、12 只华美天堂鸟、4 只蓝天堂鸟和 17 只火红辉亭鸟瞬间被洗劫一空。这些完美无瑕的标本，是 150 年前人们克服了千难万险，从马来群岛的原始森林中收集而来的，现在它们都落入了埃德温的口袋。它们的标签上都写着一位自学成才的博物学家的名字，这位博学家的重大突破使达尔文都震惊不已，他就是 A.R. 华莱士（A.R.Wallace）。

保安看了一眼闭路电视监控系统，里面显示着一排排停车场和博物馆园区的画面。他开始巡逻，在走廊里来回走着，检查门是否关好，看看有没有什么不对劲的地方。

埃德温早已记不清自己拿了多少只鸟。他本打算只从每个种类里挑选几只最好的，但窃取的兴奋使他抓起什么都塞进箱子里，直到箱子装不下为止。

保安走到外面，开始在周边巡逻。他抬头看了看窗户，用手电筒照了照银行巷砖墙附近的那片区域。

埃德温站在那扇被打碎的窗子前，现在窗子上有一圈碎玻璃。到目前为止，一切都在按计划进行，除了那把掉落的玻璃刀。他现在要做的就是从窗子爬出去而不被划伤，然后悄无声息地走到街上。

***

第一次听到埃德温·里斯特的名字时，我正站在红河齐腰深的水里，这条河穿过新墨西哥州陶斯以北的桑格里克利斯托山脉。我的飞钓线已在半空中，有力地悬在我身后的水流上方，准备向前投抛去钓金腹鳟鱼。我的飞钓指导斯潘塞·塞姆（Spencer Seim）向我保证说，一条鳟鱼正躲在溪流中央一块汽车大小的石头后面。无论是在漆黑的深潭，还是在混沌的旋涡之中，斯潘塞都能通过急流中泛起的白沫察觉到躲在石头后面的鱼。他确信一条 14 英寸长的鱼正在水下 1 英尺的地方游动，等着上钩，前提是我能将飞蝇投得准确无误。

“他闯入博物馆偷了什么？”

刚刚听到的消息使我分了心，这一杆我抛砸了，钓线直接拍在了水面上，鳟鱼都被吓跑了。“死鸟？”为了不把鱼吓跑，在此之前，我们只是小声低语，尽可能灵巧地靠近每一处垂钓点，注意光线及我们的影子可能投向何处。但我难掩自己的怀疑。我刚刚听到了一个最不可思议的故事，而斯潘塞才刚刚讲了个开头。

钓鱼的时候，通常什么都无法使我分心。而不钓鱼的时候，我数着日子，就盼着能穿上长筒胶靴，蹚入水中。我会将手机放在汽车的后备厢里，任它一直响，直到没电为止。我还会在兜里放一把杏仁，用以充饥，渴了就喝溪水。天气好的时候，我会在不见人影的情况下，连续钓上 8 小时。我的生活就是一场充满压力的风暴，这是唯一能令我平静的事情。

7 年前，我在美国国际开发署工作，负责协调伊拉克费卢杰市的重建工作。由于创伤后应激障碍，我处于极度疲惫的状态，在一次梦游中，我从一个窗子摔了出去，差点丧命。我的手腕、下巴和鼻子都摔骨折了，头骨也裂了，脸上缝了几十针。更糟的是，我对睡眠产生了恐惧，我的大脑可能会在晚上捉弄我。

在康复期间，我了解到我的许多伊拉克同事——翻译、土木工程师、教师和医生——正在被他们的同胞追捕杀害，理由是他们与美国“勾结”。我在《洛杉矶时报》(*Los Angles Times*)的一篇专栏文章中代表他们发声，天真地以为当权者会迅速解决这些问题，给他们发放签证。没有料到的是，我很快便收到了来自伊拉克人的成千上万封电子邮件，向我请求帮助。我失业了，睡在姑妈家地下室的蒲团上。对于援助难民，我一窍不通，但我列出一份名单，追踪每一个发件人的名字。

几个月后，我发起了一个非营利性组织——“名单项目”。在接下来的几年里，我与白宫角力，说服参议院、召集志愿者、求得捐款以维持人员开支。多年来，我设法将成千上万的难民带到美国，确保他们安全，但很显然，我们永远无法给所有人提供帮助。在每一次成功背后，都有50个案件被搁置在联邦政府机构中，从这些翻译人员离开伊拉克的那一刻开始，政府机构就将他们视为潜在的恐怖分子。2011年秋天，随着战争正式结束的日益临近，我感觉我被困在了自己亲手打造的牢笼里。仍然有成千上万的伊拉克人和阿富汗人在逃命。要带他们逃出来可能需要10年，甚至几十年的时间，但在接下来一年多的时间里，我无法筹集到足够的资金。一旦美国民众认为战争已经“结束”，这只会变得更加艰难。

每当想放弃的时候，我都会收到又一个以前伊拉克同事的绝望的求助，我便对自己的懦弱感到羞愧。但事实是，我已经精疲力竭。从那次意外之后，我必须分散自己的注意力才能入睡。于是，我没完没了地观看我能在网飞（Netflix）上找到的、最无聊的节目。每天早晨，我一醒来面对的就是新一波的难民申请。

飞蝇钓竟出乎意料地成了一种解脱。在河水中，我无须给记者打电话，无须恳求捐助者，只需仔细观察水流和昆虫，引鳟鱼上钩。时间呈现出一种非同寻常的特质：5个小时转瞬即逝，仿佛只有30分钟。在钓了一天鱼之后，我闭上眼睛沉沉睡去时，会看到鱼模糊的轮廓梦幻般地逆流而上。

正是这种对现实的逃避使我置身于新墨西哥州北部山间的那条溪流。我跳上了自己那辆破旧的克莱斯勒敞篷车，从波士顿开到陶斯，要在镇上一个小型艺术家聚集地，将我在伊拉克的经历写成一本书。第一天，我就遇到了创作障碍。我没有签订图书合同，之前也从未写过书，而我那嗜睡的文稿代理人却无视我越发急切的指导请求。与此同时，名单上难民的人数不断增加。我才 31 岁，搞不清自己究竟为什么会来陶斯，更不知道接下来该做什么。我承受的压力到了极限，于是我找人带我在当地的河边转转。

黎明时分，就在 522 号州道旁的加油站，我见到了斯潘塞。他倚靠在他棕褐色的丰田越野车上，保险杠贴纸是电影《谋杀绿脚趾》（*The Big Lebowski*）中的大人物勒布斯基（Lebowski），透过泥巴能隐约看到上面写着："伙计，别在地毯上撒尿。"

斯潘塞年近 40 岁，留着长鬓角，剪着短发。他的笑声很有感染力，与所有优秀的指导一样，他讲话的方式很轻松。我们一见如故。在河里钓鱼时，他教我提升投抛技巧，并详细介绍了这一地区各种昆虫的生命周期。这位从前的鹰级童子军认得每一种灌木、矿物、鸟类和昆虫，并且似乎认得每一条鳟鱼。"上个月我用同样的钓组抓住了这个家伙，真不敢相信它又上当了！"

当飞蝇被河岸上的杜松树钩住时，我皱了皱眉头。我已经在鳟鱼飞蝇上花了一笔小钱，买了一点麋鹿毛、兔皮和公鸡颈羽，用线绑在一个小钩上，来模拟各种水生昆虫，骗鱼咬钩。

斯潘塞只是笑了笑。"糟糕，这些都是我自己绑的！"他打开飞钓渔具盒，里面露出上百个小小的飞蝇，有浮式、旋式、饰带式、若虫式、羽化式、刺激式、降落伞式和陆生式。他还有以地方为主题的飞蝇，如圣胡安蠕虫，以及灵感来自电视剧《绝命毒师》（*Breaking Bad*）的冰毒卵。为了与他进行垂钓的每一条河流及小溪里孵化的昆虫相匹配，他使用的线色或鱼钩大小都有微妙的变化。他在 5 月与 8 月使用的飞蝇也有所不同。

他觉察到我很好奇，便打开了一个单独的渔具盒，取出一样东西。这是我所见过的最美丽奇异的事物之一：一个乔克·斯科特鲑鱼飞蝇。他解释说，这个飞蝇是根据150年前的方法绑制的，用了12种不同鸟类的羽毛。当他转动这只飞蝇时，它折射出深红色、淡黄色、蓝绿色和夕阳橙色的光芒。钩柄处缠着一圈圈炫目的金线，覆以一个用蚕肠做成的钩孔。

“这到底是什么东西？”

“这是一个维多利亚式的鲑鱼飞蝇，需要用世界上最稀有的羽毛绑制。”

“这些你是从哪儿弄来的？”

“我们在网上有一个绑飞蝇的小团体。”他说道。

“你们会用这些东西钓鱼吗？”我问道。

“不会。大多数绑飞蝇的人对钓鱼一窍不通。这更像是一种艺术形式。”

我们逆流而上，在接近一片看起来有鱼的水域时，俯低了身子。寻找罕见的羽毛来绑一枚飞蝇，却不知道怎样用它钓鱼，这个爱好似乎太奇怪了。

“你觉得这很奇怪——你应该了解一下这个叫埃德温·里斯特的孩子！他是世界上最棒的飞蝇绑制高手之一，他闯入大英自然历史博物馆，就为了得到鸟来绑这些飞蝇。”

我不知道是由于埃德温这个听起来像维多利亚时期的名字，是故事的古怪离奇，还是我迫切需要一个新的生活方向，使我瞬间对这桩罪案着了迷。那天下午接下来的时间里，为了让我能钓到鱼，斯潘塞竭尽全力，但我无法集中精力，一心只想知道那晚特林博物馆里发生了什么。

然而，我了解越多，这个谜团就变得越大，我要解开谜团的欲望也随之变得越强烈。我丝毫不知，对正义的追寻意味着我要深入羽毛的地下世界。

那里有狂热的飞蝇绑制者、羽毛贩子、瘾君子、猛兽猎人、前侦探和见不得光的牙医。那里充斥着谎言与威胁、谣言与真假参半的消息、真相与挫折，我开始从中渐渐领悟人与自然之间的邪恶关系，以及人类不惜一切代价，想要占有自然之美的无尽欲望。

我耗尽心力，花了 5 年的时间，才最终查明特林博物馆失窃鸟的下落。

I 死鸟与富人

DEAD BIRDS AND RICH MEN

“这两枚装饰，”华莱士写道，“独一无二，在地球上任何其他已知物种身上都不曾见过。”

这种代价一定是告诉我们，并非所有生物都是为人类而生。

1

艾尔弗雷德·拉塞尔·华莱士的试炼

船在距百慕大海岸700英里的海域燃烧。艾尔弗雷德·拉塞尔·华莱士站在后甲板上，脚下的厚木板灼灼发热，黄色的烟雾从裂缝中缭绕升起。甲板下的香脂和橡胶已被熔沸，正嗞嗞作响，汗水和浪花浸湿了他的身体。他感觉火苗很快便会蹿出来。“海伦号”的船员慌乱地从他身边跑过，将财物和供给抛进两艘正沿船侧下降的小型救生艇中。

救生艇在甲板上长期暴晒，木板已经萎缩，一碰到海水便开始渗漏。厨师急忙跑去寻找软木塞来堵住裂缝，而惊慌失措的船员们则在寻找桨和舵。约翰·特纳（John Turner）船长匆忙地把航行表和航海图打包好，他的手下则把装满生猪肉、面包和水的木桶放进小船。要漂流多久才能获救，又或者到底能不能获救，对此他们一无所知，眼前只有一望无际的汪洋。

4年来，亚马孙雨林无尽的倾盆大雨已浸入骨髓，疟疾、痢疾和黄热病使他处于死亡的笼罩之下。而令他任务毁于一旦的却不是水，而是火。这看起来一定像一场噩梦：他平时煞费苦心地使这群猴子和鹦鹉免受湿寒的侵袭，而此时它们正从笼子中跳出来，四处逃窜，躲避火苗，停在了船首的斜桅上。在重达 235 吨的“海伦号”上，这支斜桅就像一截从船首戳出的针头。

华莱士站在那里，透过金丝边眼镜，眯眼看着惊恐的鸟，任混乱将自己吞没。吸血蝙蝠吸着他的血，沙蚤钻进他的脚趾下产卵，使他感染发炎。他已毫无生气，头脑混乱。数年来，他对乌黑的尼格罗河沿岸的野生生物做了许多有价值的研究，而如今所有的研究笔记都在船舱里。

火苗跳动着蹿向鹦鹉，甲板下火势已蔓延到纸箱周围，箱里装着他在亚马孙探险的真正战利品：近万张鸟皮，每张都被精心保存着。里面还有河龟、蝴蝶标本、瓶装的蚂蚁和甲虫、食蚁兽和海牛骨架、一卷卷展示未知奇异昆虫演化过程的图画，以及巴西动植物群标本，其中包括一片 50 英尺长的棕榈叶。这些笔记、鸟皮和标本是他的主要研究成果，足以让其开创一份事业。离开英国时，他是一个只受过几年正规教育的、默默无闻的土地测量员。如今，他 29 岁，可以为成百上千种未知的物种命名，他距凯旋、成为真正的博物学家只有一步之遥。但如果大火不被扑灭，他返回时还将是个无名小卒。

华莱士于 1823 年出生在尤斯卡河西岸一个名为兰巴达克的威尔士村庄。他家有 9 个孩子，他排行第八。尤斯卡河从威尔士中部的布莱克山脉蜿蜒南下，流入塞汶河口。30 年前，查尔斯・达尔文就出生在塞汶河畔，两地相距 90 英里，但几十年后，两人的生活才因科学史上最惊人的巧合而产生交集。

华莱士的父亲进行了一连串愚蠢的投资，因此无力支付他的学费。于是，华莱士在 13 岁时辍学，投奔哥哥，成了一名测量员学徒。蒸汽机的出现推动铁路行业蓬勃发展，数千英里的铁轨遍布英伦诸岛。这意味着测量员的需求量很大。当同龄的男孩在翻译维吉尔的诗歌、学习代数时，他穿山越岭，协助绘制未来的火车路线，并自学三角学法则。测量工作将乡村变成了年少华莱士的课堂。他从掘开的土地中，学到了人生的第一堂地质学课。箭石等灭绝物种于 6600 年前变成了化石，如今在承载厚重历史的土地中再现于眼前。这个早熟的男孩如饥似渴地阅读着力学和光学方面的入门书籍。他用纸筒、观剧镜和光学透镜制作了一个望远镜，用来搜寻木星周围的卫星。

华莱士在大规模的回归自然运动时期，接受了其非正规教育。这场运动是一个世纪以来，工业化和城市化的结果。人们挤在烟尘弥漫、肮脏不堪的城市里，开始向往先辈们的乡村田园生活，但穿越布满车辙的道路，前往不列颠群岛的海滨或偏远地区，既舟车劳顿又昂贵得让人却步。直至火车的出现，超负荷工作的英国城镇居民最终才能逃离这一切。维多利亚时期的英国人信奉一句圣经谚语："游手好闲是魔鬼的作坊。"他们提倡自然历史收藏，将其作为一种理想的消遣方式。火车站的售货亭里摆满了有关私人收藏的通俗杂志和书籍。

苔藓和海藻被压缩晒干，珊瑚、贝壳和海葵被挖出装瓶。帽子上设计了专门的隔层，用来存放散步时收集的标本。显微镜的功能更强大，价格更低廉，这使人们对自然收藏更加狂热：曾经在肉眼看来平凡无奇的东西——后院的树叶和甲虫——在镜头下突然展现出一种精细复杂之美。这股狂热呈现出燎原之势：一马当先的是法国的贝壳热，贝壳的价格飙升，贵得令人咋舌；紧随其后的便是英国的蕨类植物热，英国人踏遍英伦三岛的各个角落，着魔似的将蕨类植物连根拔起以丰富自己的蕨类收藏。拥有珍稀之物是身份地位的象征，历史学家 D.E. 艾伦（D.E.Allen）说，摆满自然珍品的客厅玻璃橱窗"被认为是每一个有闲阶层人士的必备装饰，代表着他们的教养"。

一次，年少的华莱士无意中听到，赫特福德一位富有的家庭女教师向朋友们吹嘘，说自己找到了一株名为水晶兰的罕见植物。这激起了他的好奇心。他并不知道植物分类学是一门科学，又或者“种类繁多的动植物中存在任何……规则”。他很快便产生了一种无尽的渴望，渴望进行分类，渴望知道自己测量图范围内每种生物的名称。他将花朵标本剪下来，带回自己和哥哥合住的房间里晾干。他创办了一个植物标本馆，并逐步扩展到昆虫。他掀开石头看下面蠕动的虫子，将甲虫困在小玻璃瓶里。

二十出头时，华莱士读了查尔斯·达尔文所著的《贝格尔号航行日记》（*Voyage of the Beagle*）。在此之后，他便开始梦想自己的探险之旅。他已经将自己在英国土地上能找到的所有爬行、绽放之物进行了分类记录。他迫切渴望研究新物种。铁路泡沫破灭，测量工作枯竭，他开始寻找世界上未经探索的角落，这些地方或许会帮他解开当时最大的科学谜团：新物种是如何形成的？他在勘测时发现的其他一些物种又为何会灭绝？他或许会踏着达尔文的足迹去南美航行，这是否是个极度疯狂的想法呢？

华莱士与年轻的昆虫学家亨利·贝茨（Henry Bates）结为朋友。1846年一整年，两人不断通信，讨论航行的可能性。在参观了大英博物馆的昆虫展室后，华莱士告诉贝茨，他对自己获准研究的甲虫和蝴蝶数量感到十分失望。他说：“我想对单独的某一科进行彻底研究，主要是为了研究物种起源理论。我坚信，通过这种方式我能得到某些明确的结论。”

那一年，《亚马孙河之旅》（*A Voyage Up the River Amazon*）出版发行，作者是美国昆虫学家威廉·亨利·爱德华兹（William Henry Edwards）。他用一段极具诱惑力的序言开篇：“对于那些热爱奇观的人来说，这里无疑是一片希望之地……条条磅礴的河流在一望无际的原始森林上澎湃奔流，隐藏着，却又孕育着最为美丽、多样的动植物；肆无忌惮的探险者受到秘鲁黄金的诱惑，却又遭到亚马孙女人的憎恶；基督教传教士和不幸的商人沦为印第安食人族和贪吃蟒蛇的腹中之食。”读了此书之后，俩人便确定了此次航行的目的地。

他们从巴西的港口城市帕拉出发，一路行至亚马孙河，将探险过程中所获的标本运回伦敦。塞缪尔·史蒂文斯（Samuel Stevens）是他们的标本代理商，通过将“复制的”兽皮和昆虫卖给各博物馆及收藏家来资助其探险之旅。在动身去巴西北部的前一周，华莱士前往位于莱彻斯特的贝茨庄园，学习如何射击及剥鸟皮。

***

1848 年 4 月 20 日，华莱士和贝茨登上皇家“恶作剧号”，开始了前往帕拉的航程。他们一共航行了 29 天，大部分时间里，华莱士都因晕船窝在自己的舱位里。他们从帕拉一路冒险深入亚马孙的中心地带，捕捉蝴蝶，乘坐粗糙的独木舟搏击激流。他们以短吻鳄、猴子、乌龟和蚂蚁为食，用新鲜的菠萝解渴。美洲豹、吸血蝙蝠和致命的毒蛇时刻威胁着他们，在给史蒂文斯的一封信中，华莱士回忆道：“每走一步，我都感觉脚下有冰冷的躯体在滑动，腿上有致命的毒牙在叮咬。”

在共度了两年时光、行走了 1000 英里之后，华莱士和贝茨决定分道扬镳：除非他们开始收集特定的某一类标本，否则他们实际上是在互相竞争。华莱士沿内格罗河而上，贝茨则前往安第斯山脉。华莱士定期将一箱箱的标本寄往下游，打算让中间人把它们运回伦敦。

1851 年，华莱士患了黄热病，一病就是几个月。他挣扎着为自己准备奎宁和塔塔药水。“在这种冷漠麻木的状态下，”他写道，“我总是半梦半醒，回忆自己前半生的种种，幻想有关未来的憧憬，所有这一切或许都注定要在内格罗河这里终结。”1852 年，他决定提前一年结束航程。

他将乘坐独木舟回到帕拉。他在这只独木舟上装满了一箱箱保存完好的标本和一些临时的笼子，笼子里装着 34 只活体动物，有猴子、鹦鹉、巨嘴鸟、长尾小鹦鹉和一只白冠雉鸡。在中途停留时，他惊讶地发现，他之前寄出的许多标本都被海关关员怀疑是违禁物品而扣留。他花了一笔小钱，将这些标本弄了出来，装上了“海伦号”。“海伦号”于 7 月 12 日起航，此时距他初到巴西已有 4 年的时间。

此刻，“海伦号”在百慕大以东 700 英里。船舱里，一万张鸟皮、蛋卵、植物、鱼和甲虫被炙烤着。而这些标本足以让他成为一名顶尖的博物学家，为他一生的研究工作增光添彩。这场大火仍有被扑灭的希望。特纳船长的手下投弃货物，劈开木板，冒着令人窒息的烟雾拼命地寻找火源。下面的船舱里，浓烟滚滚，所有人都只能挥动几下斧子便跑去呼吸新鲜空气。

船长最终下令弃船，船员们沿着将漏水的救生艇固定在“海伦号”上的粗辫绳滑了下去。华莱士终于一跃而起，采取行动，匆忙跑到自己的舱位，看是否能挽回些什么。“现在船舱里烟雾弥漫，热得令人窒息。”他抓起一块手表和几张他所作的鱼及各种棕榈树的画。他感到“冷漠麻木”，这或许是受惊过度、体力透支的结果。他未能带上自己的笔记本，而本子上密密麻麻地记录着，他多次冒着身家性命收集来的观察结果。所有困在货舱里的鸟皮、植物、昆虫和其他标本都烟消云散了。

虚弱的华莱士沿着绳索从“海伦号”上往下滑，他一时没能抓紧，跌进了已经一半淹没在水中的救生艇。他的手被绳子磨得皮开肉绽，在舀海水时火辣辣地疼。

大多数的鹦鹉和猴子都在甲板上窒息而死，但仍有少数幸存的鸟兽蜷缩在船首斜桅上。华莱士想哄诱它们上救生艇，但最终当斜桅也开始燃烧时，除了一只鹦鹉，所有鹦鹉都飞入了烈火之中。最后一只鹦鹉在它栖息的绳子着火后，跌入了海里。

华莱士和船员们在救生艇上眼看着大火将“海伦号”吞噬，疯狂的疏散被单调的舀水所代替。他们不时地将燃烧的残骸推开，因为这些残骸漂得太近，足以构成威胁。当具有稳定船身作用的船帆最终起火时，船倾覆崩裂，呈现出“一种壮丽而骇人的景象，船翻了……所有货物在底部形成了一个冒烟的团块”。

夕阳西沉，他们等待着救援。他们打算在不被点燃的情况下，尽可能地靠近大船，因为只要火焰发出光亮，路过的船只便会看到火光，赶来救援，前提是他们足够幸运。每当华莱士闭上双眼，渐入梦乡时，他都几乎立刻会因“海伦号”炫目的红光而猛然惊醒，徒劳地搜寻救援信号。

到了早晨，船只剩下一个烧焦的外壳。幸运的是，救生艇的厚木板吸水膨胀，已经封住裂缝。特纳船长审视着他的航海图。在理想情况下，他们或许会在一周之内到达百慕大。举目四望，看不到其他船只，于是这支破烂不堪的船队扬帆起航，驶向陆地。

他们向西航行，穿越狂风暴雨，定量供给少量的水和生猪肉。10天后，他们的手和脸都已晒得脱皮，就在此时，他们遇见了一艘去往英国的木材船。那天晚上，在舒适的“乔德森号”上，华莱士的生存本能被深切的悲伤所取代。他在给朋友的一封信中写道：“此时，危险已成为过去，我开始充分体会我的损失是多么惨重。有多少次我都几乎想要放弃……我仍爬进森林，收获了那些未知的美丽物种！”

然而他很快便重回求生模式。“乔德森号”是世界上速度最慢的船只之一，在状况良好的情况下，平均时速为2海里。现在，这艘船严重超载且供给不足。当英国迪尔港口出现在视野中时，船员们已沦落到以老鼠为食的地步。80天前，华莱士以胜利者的姿态出现在亚马孙河口，所带的标本足以建立一座小型博物馆。而如今，他从那艘几乎要沉的船上走下来时，衣衫褴褛、浑身湿透、饥肠辘辘而又两手空空，脚踝也肿得几乎走不了路。

灾难过后，卧病在床的华莱士对所剩无几的东西进行了盘点，以展示自己数年来在亚马孙地区的收获。几张热带鱼和棕榈树的图画，一块自己的手表，有那么多东西可救，而他就从大火中挽救出了这些！华莱士始终无法解释，他在“海伦号”上决定命运的最后时刻经历了怎样的心路历程。

塞缪尔·史蒂文斯为这些标本收藏购买了一份200英镑（如今约合3万美元）的保单以防其损毁，但这笔钱根本算不上慰藉。逝去的科学洞见无从索赔，华莱士秉承达尔文的精神要写书的素材更是无从挽回。

他该何去何从？要探究物种的起源，他需要新的标本，而这意味着另一场探险。但他的资源有限，身体透支，名誉也不复存在。至19世纪中期，曾经模糊标示着尚未开发的森林和岛屿的未知之地正迅速从地图上消失。此时，举足轻重的英国海军炮艇驶入口岸海港，抢占处女地，从荷兰和葡萄牙等衰落帝国的手中夺取殖民地。通常，他们会带着一位博物学家一道而行。达尔文得到其剑桥教授的推荐，参与了皇家“贝格尔号”之行。这艘海军舰艇肩负着开发南美洲西海岸大部分地区和加拉帕戈斯群岛的任务，并且他的父亲承担了5年航行的所有附带支出。植物学家J.D. 胡克（J.D.Hooker）

是达尔文的密友，于 1839 年登上了皇家“厄瑞玻斯号”，开始了为期 4 年的南极探险之旅，接着又随皇家“西顿号”在喜马拉雅和印度进行了数年的考察。这些人都是英国皇家学会成员，来自财力雄厚的显赫家庭。他们每年为上百个新物种命名。华莱士得不到任何剑桥教授的举荐，无法参与即将到来的种种探险。

若要青史留名，华莱士就不能浪费时间，沉湎于过去。他刚一恢复健康，便以自己的回忆和挽救出的几幅画为蓝本，给伦敦各科学学会写信。在返航仅 5 周后，他便在昆虫学会宣读了一篇有关亚马孙蝴蝶的论文。他还去动物学会，做了一个有关亚马孙猴子的报告。他提出了一种理论，称这一地区曾经被广阔的海洋覆盖，但海水渐渐退去，留下三条河流——亚马孙河、马德拉河及内格罗河——将这片土地分成了 4 个部分。这种“大分割”理论解释了他在这一地区观察到的 21 种猴子的变异和分布情况。

华莱士并没有解答物种的起源，但他知道地理环境是研究的必备要素。他对其他博物学家记录地理数据的草率方式进行了批判：“在各种自然历史著作和博物馆中，我们通常只能得到有关地理位置的模糊描述。最常见的描述有南美洲、巴西、圭亚那和秘鲁等。如果标本上的标签上写着‘亚马孙河’或‘基多’……我们无从知晓这一标本来自亚马孙河北部还是南部。没有物种所在区域的精确信息，我们便不可能了解物种是如何或为何朝不同方向演变。”在华莱士看来，标签和其所附着的标本几乎同样重要。

在返回后的几个月内，华莱士成了伦敦各科学学会的固定成员，但他真正的重心是选择下一个探险地点。然而，重返亚马孙已毫无意义，因为他的朋友贝茨仍然在那里，已收藏了大量的标本，遥遥领先于他，这使他的目标破灭。重走达尔文的路线也几乎是徒劳，亚历山大・冯・洪堡（Alexander von Humboldt）已经征服了中美洲、古巴和哥伦比亚的各条山脉。华莱士需要找到记录中的空白，找到地图上那片与自己竞争的博物学家尚未探索过的区域。

华莱士读了一篇关于“新世界”的介绍，这是一个“独一无二的动物王国”。于是，华莱士便把目标定在这个新世界——马来群岛，自然历史学家探索的脚步还未曾到达此地。随着声望日增，华莱士于1853年6月向英国皇家地理学会主席罗德里克·默奇森（Roderick Murchison）爵士提出申请，描述了一段雄心勃勃而又耗时长久的旅程：婆罗洲、菲律宾、印度尼西亚的苏拉威西岛、帝汶岛、摩鹿加群岛和新几内亚。华莱士计划在每个地区待上一两年的时间，这样算来，这次探险至少需要12年的时间。默奇森同意帮他搭上下一班开往这些地区的船，并向殖民当局进行了有价值的引荐。

在筹备阶段，华莱士经常参观伦敦大英自然历史博物馆的昆虫和鸟类展厅，随身带着他那本厚重的《鸟类概论》（*Conspectus Generum Avium*）。这本书是吕西安·波拿巴（Lucien Bonaparte）亲王所著，长达800页，书中介绍了1850年以前所有已知的鸟类物种，华莱士还在空白处做了详细的注解。他很快便意识到，博物馆对地球上一种最为奇异美丽的鸟类——天堂鸟——的收藏并不完整。

天堂鸟能引起西方公众的无限遐想，是一种名副其实的神秘之鸟。1552年，麦哲伦将第一批天堂鸟鸟皮带到欧洲，作为送给西班牙国王的礼物。这批鸟皮都没有脚，采用的是早期新几内亚猎人的剥皮方式。因此，分类学之父卡罗勒斯·林奈（Carolus Linnaeus）将这一物种命名为Paradisaea apoda，意为“无足的天堂之鸟”。许多欧洲人也因此认为这种鸟居住在天国，向阳而生，以玉液琼浆为食，直至死亡的那一刻才会落入尘世。他们认为雌鸟将蛋产在配偶的背上，在穿越云霄时，将它们孵化。马来人称其为 manuk dewata，意为“上帝之鸟”，而葡萄牙人给它们的称呼是 passaros de col，意为“太阳之鸟”。林奈描述了 9 种从未被发现的鸟类物种，群岛上的商人称之为 burong coati，意为“死鸟”。

教皇克莱门特七世（Pope Clement Ⅶ）拥有一对天堂鸟鸟皮。年轻的国王查理一世（Charles Ⅰ）在其 1610 年的一幅画像中，自信地站在一顶以天堂鸟为装饰的帽子旁。伦勃朗（Rembrandt）、鲁本斯（Rubens）和老勃鲁盖尔（Bruegel the Elder）将其波状的羽毛再现于画布之上。这些据传来自天堂的生物使西方人为之着迷，但尚未有训练有素的博物学家在野外观察过它们。

***

华莱士的南美返航之旅是灾难性的，18 个月后，他于 1854 年 3 月 4 日登上了半岛东方航运公司的一艘轮船。这艘船载着他穿越直布罗陀海峡，经过马耳他堡垒，到达亚历山大港。他在亚历山大港换乘一艘驳船，沿尼罗河而上，抵达开罗。在那里，他将所带物品装上一辆马车，乘车穿过东部沙漠，驶向苏伊士港。接下来他乘坐一艘 123 英尺长的货船“孟加拉号”，途经也门、斯里兰卡和马六甲海峡“树木繁茂的海岸”，最终到达新加坡。

在抵达后的一个月内，华莱士给史蒂文斯寄去了将近 1000 只甲虫，它们属于 700 多个不同的品种。要收集如此多的标本，他的日程排得很紧。他每天早上 5 点 30 分起床，将前一天收集到的昆虫进行分析、储存，准备好枪支弹药，修补好捕虫网。在 8 点用过早餐后，他进入丛林，进行 4 到 5 小时的标本收集，然后回到住处将昆虫弄死制成标本，一直工作到下午 4 点，开始用晚餐。每晚就寝之前，他都会花一至两小时在收藏簿上登记标本。

大英博物馆几乎买下了华莱士寄回去的所有东西。只要是能捉住卖钱的东西，史蒂文斯都想要得更多，于是他问华莱士是否晚上也能出去收集。这激怒了华莱士，他回答道："当然不能……对业余爱好者来说，晚上工作或许不错，但对一个每天进行 12 小时收集工作的人来说，绝对不行。"

收集标本劳神费力，但保护它们免受食腐动物的持续威胁更令人抓狂。黑色的小蚂蚁例行公事般地"占领"他的房子。蚂蚁沿着纸质通道盘旋而下，爬到他的工作台上，在他眼皮底下将昆虫搬走。青蝇成群结队地飞来，在鸟皮上大量产卵，若不及时清除，这些卵就会孵化成蛆虫，以鸟为食。然而他最大的敌人是一直在屋外徘徊的骨瘦如柴的饿狗。只要他在剥鸟皮时离开一会儿的工夫，狗就一定会把鸟叼走。华莱士把鸟皮挂在椽子上晾干，但如果他把活梯留在离鸟皮过近的地方，狗就会爬上去，叼走他最珍爱的标本。

时光的流逝也别具威胁。几个世纪以来，动物标本制作师煞费苦心地寻求保存鸟类的最佳方法，以供未来研究之用。他们尝试把鸟类进行腌制、浸入酒精和氨水中、涂上虫胶清漆，甚至放在烤炉中烘干，但所有这些技法都会毁坏鸟皮，或有损羽毛之美。直到近几十年，博物学家才完善了剥鸟皮的技术。他们把鸟从腹部到肛门切一个细口，摘除内脏，用羽管笔将脑子挖出来，切掉耳根部，取出眼球，用棉花填充，然后在皮毛上涂一层砷皂。至 19 世纪中期，标本制作指南比比皆是，里面充满了可怕的技巧：用手帕系成一个绳套，勒死受伤的鸟；用 8 号子弹射击体形比鸽子小的鸟类，5 号子弹猎杀那些"较大的家伙"；用手杖狠狠击打受伤苍鹭的头部，以制服这种具有攻击性的鸟类。大型猛禽的脚部肌腱应切除。鹈鹕应从背部而不是内脏处剥皮。巨嘴鸟的舌头应留在头盖骨里。蜂鸟无须切开，而是放在炉子上烘干，再用樟脑包裹。

鸟皮保存不当，会被昆虫或脏兮兮的野狗啃掉，这几乎与眼看着它们葬身火海一样糟糕。华莱士找来了 16 岁的查尔斯·艾伦（Charles Allen），协助完成日常的标本采集工作。在两人合作探险之初，他欣喜地告诉母亲，查尔斯“现在的射击技术已经很不错了……如果我能改掉他粗心大意的积习，他很快就能帮上大忙”。但不到一年，华莱士便耐心全无，恳求姐姐找人来代替查尔斯：“无论如何，我不能让像他这样的人再给我添麻烦了……他要是制作一个鸟类标本，鸟头会歪向一边，脖子的一侧会有一大团棉花，像个粉瘤，双脚扭曲，脚底朝上，或者有其他什么毛病。凡事都是如此，总会出问题。”

18 个月后，华莱士和小艾伦分道扬镳。为了让自己的标本能长久地保存下来，华莱士雇用了一个名叫阿里（Ali）的年轻马来助手。阿里注重细节，这是一个可喜的变化。在航程的头两年，华莱士从新加坡出发，到达马六甲、婆罗洲、巴厘岛、龙目岛及望加锡，收集了大约 3 万件标本，其中 6000 件是特有物种。或许有了“海伦号”的前车之鉴，他习惯性地将成箱的皮毛寄给史蒂文斯。半岛东方航运公司的“陆运”路线最为快捷，但也最为昂贵：在海上行走 7000 英里到达苏伊士，换为闷热的拖车抵达亚历山大港，再用轮船运至伦敦，此行为期 77 天。除此之外，他还将箱子装上绕好望角航行的轮船寄回去，这要花费 4 个月的时间。

然而，探险已将近 3 年的时间，他还未见到天堂鸟。

1856 年 12 月，一位一半荷兰血统一半马来血统的船长告诉华莱士，有一个地方或许能捉到这种他梦寐以求的鸟。华莱士和阿里迫不及待地登上了一艘破烂不堪的船，向东部 1000 英里以外的一小片群岛驶去，这就是阿鲁群岛。他面对的是横行的海盗、由高耸入云的红木和豆蔻组成的难以逾越的丛林、疟疾和毒液，以及成千上万种尚待发现的未知物种。在岛屿深处，难以寻觅的天堂鸟正在某处振翅飞舞，还有历史上最伟大的科学突破在向他招手。

***

船缓缓向东而行，穿过佛洛瑞斯和班达海域。这时，华莱士清点了一下补给：两支猎枪、一袋子弹和一把猎刀。他的标本箱整齐地堆放在他居住的小竹屋的角落里。竹屋与船首的甲板相连，里面还放着一袋烟草、许多小刀和珠子，这些是给当地猎鸟人和捕虫人的酬劳。他在瓶子和袋子里装上砷、胡椒和明矾，用来保存标本。他还带着上百张标签，上面印着“华莱士收集”的字样。随着一步步靠近上帝之鸟，他以时间为单位来衡量食物储备：3 个月的糖、8 个月的黄油、9 个月的咖啡和 1 年的茶。

要了解神秘的天堂鸟最初为何会在阿鲁及附近的新几内亚岛屿上诞生，时间是关键点。1.4 亿年前，南半球的超级大陆冈瓦纳开始分裂。4600 万年后，澳洲板块与大陆分离，开始向北漂移。800 万年来，随着澳洲大陆缓慢漂移至热带水域，各种各样的鸟类在这片大陆上展翅飞翔，其中便有天堂鸟的祖先——鸦科中的乌鸦和松鸡。2000 万年前，形似乌鸦的天堂鸟开始变得多样化。距华莱士第一次踏上这片岛屿的 250 万年前，新几内亚大陆在澳大利亚北部海岸的附近海域中出现，是仅次于格陵兰岛的世界第二大岛。地壳板块的碰撞使山脊向上隆起，至今上升速度仍属全球之最。在接下来几百万年的冰河时期里，海平面反复升降。每次海水退去，澳大利亚和新几内亚之间都会出现一条大陆桥，使动植物和鸟类能在两地之间迁徙。但当海水上升时，留在新几内亚岛屿上的鸟类便再次与外界隔绝。

在这片偏远的岛屿上，没有各种猫科动物捕食天堂鸟，没有猴子或松鼠与其争食水果和坚果。数百年来，无人砍伐天堂鸟栖居的树木或将其猎杀以获取羽毛。没有天敌，雄性便无须进化出自卫的武器。同样地，它们也无须融入周围环境，因为突出醒目并不会招致危险。这片岛屿与世隔绝，环境安全，有充足的食物。这为所谓的失控选择提供了理想的条件。历经数百年，天堂鸟逐渐生长出异常华丽的羽毛，并且在精心准备的场地上进行复杂的舞蹈仪式，它们极尽浮夸及炫耀，所有这些都是为了追求其终极目标：求偶。

华莱士终于抵达阿鲁，他找寻当地人带他进入丛林，却遇到了一个意料之外的问题：岛屿周围纵横交错的河道上，海盗猖獗，他们会将船洗劫一空，甚至连人们身上穿的衣服都不放过。他们烧毁村庄，将妇女和儿童掳去做奴隶。无论华莱士出价多高，阿鲁居民都不会帮他寻找这些鸟。最终，他找到一个人划船带他穿过红树林，沿一条小河而上，来到小村瓦努拜。这个村子只有两座小屋，他用刀在其中一座简陋的屋子里换了一个房间，屋子里同住的还有其他 12 个人。他进去时，看见屋子中间有两堆即将燃尽的炉火。

这些鸟近在咫尺，清晨时，他能听到鸟独特的叫声——wawk-wawak-wawk-wawk——在树梢回荡。他急切地想看到这些鸟，他蹚过淤泥，冒着高温，忍受着蚊虫叮咬。到了晚上，他被沙蝇围攻，四肢上布满了一圈圈的小红疱。在热带的阴霾天，它们成群地爬上他的双腿，使他的腿部肿胀溃烂，无法行走，他不得不在小茅屋里休养。为了最终能在野外看到天堂鸟，华莱士穿越沙漠、海洋，行走几千英里，却在近在咫尺的地方，被小小的沙蝇挡住了去路。他开玩笑说，他捕获了成千上万只昆虫制成标本，这就是报复。他在日记中抱怨道：“我被困在阿鲁这样一个不知名的地方，而这里的森林中到处都能发现珍稀美丽的生物……这种惩罚太残酷了。”

华莱士将带来的珍珠和小刀派上了用场，任何人只要能给他带来一只活的天堂鸟，就能得到丰厚的报酬。他的助手阿里同当地的猎人一道出发，带着钝尖的箭和小型罗网，这些工具是为了不损伤鸟的羽毛而专门设计的。

当阿里抓着一只王天堂鸟从森林里走出来时，华莱士欣喜若狂。这只小鸟有着超脱尘世之美：“浓艳的朱砂红色的”身体、“饱满的橙色”头部、眼睛上方有“金属绿色的”斑点、亮黄色的喙、纯白色的胸脯及钴蓝色的双腿。它的尾部有两根细长的羽毛，羽毛的梢部呈螺旋式紧紧卷着，像两枚闪闪发光的祖母绿色硬币。“这两枚装饰，”华莱士写道，“独一无二，在地球上任何其他已知物种身上都不曾见过。”

他思绪万千：“我想到了过去的漫长岁月，这种小生灵一代代地繁衍生息，走完生命历程——年复一年地在晦暗的树林里诞生、存活、死亡，没有智慧的双眼凝视着它们的可爱之处，这显然是对美的肆意浪费。”

华莱士一边惊叹于它们非凡的进化历程，一边将思绪忧虑地投向了未来。“如此精美的生物竟然只生活在这些荒凉地区，在蛮荒中展现自己的魅力，这似乎很可悲……但从另一方面来看，如果文明人踏足这片遥远的土地……我们或许可以肯定，他们将会扰乱有机自然与无机自然之间这种微妙的平衡，造成这种生物消失，直至最终灭绝，虽然只有人类才能欣赏领略其令人惊叹的构造和美丽之处。”

他总结道：“这种代价一定是告诉我们，并非所有生物都是为人类而生。”

在离开阿鲁之前，他目睹了一场大天堂鸟的“舞蹈盛宴”。300 年前，麦哲伦将这一特殊物种的无足鸟皮首次带到欧洲，查理一世国王将其放在帽子上展示，仿佛这是一件战利品。在枝繁叶茂的大树冠上，20 只头部呈黄色、喉咙呈翠绿色的咖啡色雄鸟展开翅膀，伸长脖子，将金黄色的羽毛举过头顶，形成一个稀疏的扇面。然后，它们一同抖动羽毛，在树枝上跳来跳去，将树梢变成轻轻跳动的“金色桂冠”，这一切都是为了吸引那些栖息在附近的土褐色雌鸟的敏锐目光。

华莱士敬畏地站在这些有节奏跳动着的金色羽扇之下，他也因此成了首位观察到大天堂鸟求偶仪式的博物学家，而他此时还未意识到大规模的破坏已迫在眉睫。他所担心的那些“文明人”已经在啃噬这片原始森林的边缘。在群岛的各个港口，以牟利为目的的猎人和商人买卖着一袋袋羽毛张开的死鸟，为了满足西方市场的需求，它们在交配的高峰期被屠杀。

在存在了 2000 万年以后，它们的捕杀者扬帆而来。

***

接下来的 5 年里，华莱士都会在马来群岛的热带丛林深处一待就是数月的时间，那里的条件极为艰苦。他挤在简陋的小屋里，有条不紊地进行一系列工作：张网、捕捉、装瓶、剥皮、贴标签及研究标本之间的细微差异。

他已在阿鲁以北 700 英里的特尔纳特小岛上建立了大本营。他在岛上的主要城镇的郊外租了一间 40 平方英尺的房子。精疲力竭的探险之后，他可以在舒适的小屋里享受一番。走廊两边种着棕榈树，深井里有清澈冰凉的水，附近还有一小片榴梿和杧果树丛。他开辟了一个小菜园，里面种着南瓜和洋葱，稳定供应的鱼和肉也使他体力恢复，精神焕发。

然而，1858 年伊始，华莱士发现自己再次患病，这次是疟疾发热。尽管气温高达 90 华氏度，但他还裹着毯子，浑身冷汗。他发着烧，思索着那个最初让他踏上亚马孙艰辛之旅的问题——新物种的起源。天堂鸟共有 39 种，是什么原因导致这么多与众不同、千差万别的物种的出现？仅仅是洪水、干旱等外部条件吗？是什么原因造成一个物种的数量超过另一个物种？他想到了人口增长方面的“积极抑制”——战争、疾病、不育和饥荒——这是托马斯·马尔萨斯（Thomas Malthus）于1789年在《人口原理》一文中提出的，华莱士思考着这如何适用于动物。通常动物的繁殖速度比人类要快得多，如果没有类似的马尔萨斯抑制机制，动物将会挤满整个地球。“我模模糊糊地想到这意味着大规模、持续性的毁灭，”华莱士继续写道，“我突然想到一个问题，为什么有些物种死掉了，而有些活了下来？答案很明显——总体而言最适合的生存了下来。最健康的逃过了疾病，最强壮、最敏捷、最狡猾的躲过了敌人，最善于捕食的挨过了饥荒。”

在疟疾发作的这两小时里，华莱士的大脑一直高速运转，试图得出完整的自然选择理论，“突然一个想法闪过，这种自我作用过程必定会改善物种，因为每一代中的弱者必然会被淘汰，强者将继续生存，这即是适者生存”。他想到自己在森林和丛林中收集到的标本，它们由于海平面的升降、气候变化和干旱等因素而不断发生改变，他意识到自己已经“找到了梦寐以求的自然法则”。

华莱士急切地等待着退烧，这样他就可以把自己的想法付诸笔端。在接下来的两个晚上，他勾勒出了自己的理论。他兴奋地将这一消息写信告诉自己最崇敬的人：查尔斯·达尔文。他后来回忆道：“我写了一封信，我希望他跟我一样，觉得这个想法令人耳目一新，也希望这个想法能为解释物种起源提供缺失的要素。”

1858年6月18日，查尔斯·达尔文在日记中写道：“华莱士的来信扰乱了我的思绪。”他读着华莱士的信，变得越发忧虑，他意识到这位比他年轻 13 岁、自学成才的博物学家，竟独自得出了与他相同的理论，而这一理论他已默默酝酿了几十年。“我从未见过比这更惊人的巧合，”他在给地质学家朋友查尔斯·莱尔（Charles Lyell）的一封信中写道，“他所用的术语现在甚至就出现在我书中各章节的标题中。”他这里指的是他正在创作的有关自然选择的书。

“我所有的独创性，无论这意味着什么，都将一文不值。”达尔文写道。他承认尽管他还没有打算将自己的理论公之于众，但华莱士的来信迫使他必须这样做。而且，他不想被指责为一个抄袭盗用者。他写道：“要让我因此放弃多年的领先地位，对我来说似乎太残忍了。但我宁愿把整本书都烧掉，也不愿意让他或任何人觉得我的行为卑鄙。”

华莱士正在新几内亚搜寻更多的天堂鸟，而达尔文的科学界盟友则在世界上最古老的生物学家联盟林奈学会的会议上，确定了一个方案，以决定谁理应成为这一理论的创始人。

1858 年 7 月 1 日，莱尔的一封信在林奈学会被当众宣读：“这两位先生在独立的、互不相识的情况下，构思出了同样富有独创性的理论来解释地球上不同物种和特定品种的出现及延续。在这一重要研究领域，两人理应被认为同样具有独创性思想。”莱尔随后将聚光灯投向了自己的朋友：达尔文于 1844 年所写的一篇论文摘要被首先宣读，接着是达尔文于 1857 年写给美国植物学家阿萨·格雷（Asa Gray）的一封信的概要。华莱士的信几乎是作为补充，直到最后才被宣读。

华莱士在返回自己的特尔纳特大本营时，发现了一堆信件。他迫不及待地告知母亲，“我收到了达尔文先生和胡克博士的来信，这两位是英国最著名的博物学家，这让我感到欣喜万分”，他还提到自己的信在林奈学会被当众宣读。他喜不自胜地写道："这使我确信，在我返家后，我能结识这些杰出的人物，并且他们会给予我帮助。"他觉得很骄傲，让他的标本代理商给他买一打林奈学会的杂志，然后便踏上另一场收集之旅。

***

要走完这段行程，华莱士还要在马来群岛再待上几年。在 8 年的时间里，他已经装箱了 310 只哺乳动物、100 只爬行动物、7500 只贝壳、13100 只飞蛾和蝴蝶、83200 只甲虫及 13400 只其他种类的昆虫。但他最珍视的是那 8050 只鸟，他将其捕获、剥皮，保护其不致葬身于饥饿的蚂蚁、蛆虫和瘦狗之腹，然后再将其运送至万里之外的伦敦标本代理商手中，代理商将其中的数千枚留作研究之用，将其余的标本卖给大英博物馆。据华莱士自己估计，他在马来群岛地区行走了 14100 英里，进行了 60 至 70 次独立的收集探险活动。这 8 年里有整整两年时间花在中转途中。

华莱士梦想着能将一只活的天堂鸟带回伦敦，他尝试精心照料这些鸟，但总是以失败告终。每当猎人带来一只在袋子中扑棱着翅膀或系在棍子上的天堂鸟时，华莱士都会把这只焦躁的鸟放在一个他自己搭建的大竹笼里，笼里放着槽子，盛着水果和水。尽管他会给鸟喂蚂蚱和米饭，但结果也始终如一：第一天，鸟疯狂地拍打翅膀，想要挣脱束缚；第二天，它几乎一动不动；第三天，他就会发现鸟死在笼子的地板上，有时鸟会剧烈地抽搐，然后奄奄一息地从栖木上摔下来死掉。在华莱士的照料下，10 只天堂鸟中没有一只活到第四天。

因此，当他听说一位欧洲商人在新加坡成功圈养了两只雄性天堂鸟时，他放弃了在苏门答腊岛再花几个月时间收集这种鸟类的计划，而是出价 100 英镑买下了这对鸟。如果这对鸟能熬过返程之旅，它们将成为第一对活着到达欧洲的天堂鸟。

在为时 7 周的返程之旅中，为了使这对鸟活下来，华莱士“麻烦不断，焦虑至极”。当轮船驶近苏伊士时，在孟买摘的香蕉和捉的蟑螂已供应不足，于是他不得不溜进储藏室，将蟑螂扫进一个空饼干罐里。他紧张地保护着这对鸟，使它们免受海浪和寒风的侵袭。他与这两只鸟一同待在火车上寒冷的行李车厢里，穿越沙漠，从红海到达亚历山大港。在马耳他，他弄到了一批新鲜的蟑螂和西瓜，以帮助鸟熬过这段路程，直到在巴黎再次进行补给。最终，华莱士于 1862 年 3 月 31 日抵达英国福克斯顿港口，此时距他启程去马来群岛已有 8 年的时间，他发电报给动物学会称：“我非常荣幸地宣布，我收获颇丰的行程已经结束，天堂鸟（我想这应该是首次）安全抵达英格兰。”

华莱士返回时，达尔文已因“他的”自然选择学说而闻名于世，他的《物种起源》(*Origin of Species*）已经第三次印刷。即使华莱士对达尔文的扬名立万感到愤愤不平，他也从未表现出来。现在科学界已经完全接纳了他：他被选为英国鸟类学会的荣誉会员，并成为动物学会的会员。生物学家托马斯·赫胥黎（Thomas Huxley）宣称：“华莱士是这一代人中罕有的人才，他体力充沛，智慧过人，品行端正，能在热带荒野中漫游而毫发无伤……并且能同时收集令人叹为观止的藏品；返回后，能睿智地进行思考，从收藏中得出结论。”英国最著名的鸟类学家约翰·古尔德（John Gould）称华莱士的标本为“完美”，对未来的研究大有裨益。

他在摄政公园的一座房子里安顿下来，这里与他所带回的天堂鸟相距不远。天堂鸟吸引了一大群人来到动物园。他买了最舒服的安乐椅，供自己研究时用，还找木匠做了一张长长的桌子，他在桌上开始将堆得摇摇欲坠的标本箱进行分类整理，并为自己的旅行回忆录做笔记。

6 年后，华莱士完成了作品《马来群岛自然科学考察记》(*The Malay Archipelago：the Land of the Orang-utan，and the Bird of Paradise*)，这是有史以来最畅销的旅行故事之一。他将此书献给达尔文，作为“对他个人的尊重和友谊的象征，同时也表达我对其才华和作品的无限钦佩”。在给最初与华莱士一道同去亚马孙河的亨利・贝茨的一封信中，达尔文写道：“华莱士先生对我毫无妒意，这令我印象最为深刻：他必定善良，诚实，品行高贵。这些美德远胜于才智。”

华莱士通过自然选择推断进化所起的作用，他在这方面取得了非凡的成就，而这一点已基本为人们所淡忘。但他对物种的地理分布给予了不懈关注，在标本标签上一丝不苟地记录了细节。这最终使他留给后代的遗赠大放光彩，使他成为一个新兴科学研究领域——生物地理学——的创始人。华莱士意识到巴厘岛与龙目岛之间的深水海峡形成了一道分界线，将澳洲与亚洲大陆架上发现的物种分隔开来。现在这一海峡在地图上被标注为“华莱士线”。沿马来群岛向东延伸的一片 13 万平方英里的生物地理区域如今被称为华莱士区。

天堂鸟共有 39 个已知品种，华莱士在游历期间，只捕获了其中的 5 种，其中的幡羽天堂鸟（Semioptera wallacii）如今以他的名字命名。在 1863 年的一篇论文中，华莱士解释了他为何费尽心力地收集标本，他将每一种标本描述为“组成一幅幅地球史卷的单个字母，然而，由于一些‘字母’的遗失，使整个句子变得晦涩难懂，因此，许多生命形式的消亡——虽是文明进步的必然代价，也必将使这段宝贵的历史记录，变得更加模糊不清”。

地球的历史深远厚重，为了防止其遗失，华莱士恳请英国政府在博物馆中尽可能多地储藏标本，“这或许能为未来的研究和阐释所用”。这些鸟皮必定能回答科学家们尚未提出的问题，因此，必须不惜一切代价对其进行保护。

他警告说：“如果我们不这样做，后世必然会将我们视作沉迷于追求财富、而目光短浅的一群人。他们会指责我们本有能力保护，却任凭造物的某些记录损毁。”他质疑那些反进化论的宗教主义者，“他们声称每一种生物都直接出自造物主之手，是造物主存在的最好证明。然而，奇怪的是，他们的观点自相矛盾，许多种生物从地球上消失殆尽，一去不返，无人照料，无人知晓”。

华莱士于 1931 年逝世，此后大英博物馆购买了那些卖给各种私人收藏家的标本，扩充了华莱士所集标本的馆藏量。在砖石陶瓦所筑的展馆深处，博物馆工作人员将华莱士收集的鸟类拆包，整齐地放在储藏柜里，就置于达尔文所收集的雀类附近。博物馆里有一只来自阿鲁群岛的雄性王天堂鸟，这只鸟于 1857 年 2 月在小村瓦努拜附近捕获，地点是瓦特莱河以北，南纬 5 度，东经 134 度，海拔 138 英尺。正如世界上永远不会有另一个华莱士，世界上也永远不会有第二个带有此类生物数据的标本。负责保护这些标本的研究员会在退休前培训学徒，他们的继任者亦会如此。

然而，保护标本的工作突然受到威胁。华莱士逝世的两年后，第一次世界大战爆发，德国的齐柏林飞艇静静地驶过 11000 英尺的高空，在伦敦及其沿海地区投下了 186830 磅炸弹。在第二次世界大战的闪电战打响时，纳粹德国空军连续 57 个晚上在城市上空狂轰滥炸。大英博物馆被击中了大约 28 次，植物展区几乎被摧毁，地质展区的数百扇天窗和窗户被炸裂。博物馆的工作人员迅速恢复工作状态，连夜清理受损的部分，但显而易见，他们的标本已经受到威胁。

为了保护标本免受希特勒（Hitler）的炸弹袭击，研究员们将华莱士和达尔文收集的鸟皮藏在无人注意的卡车里，运送到英国各地的乡间庄园和宅邸中。其中一座“安全屋”是一家坐落于特林小镇的私人博物馆。这座博物馆的建造者是史上最富有的人之一，他将其作为送给儿子的 21 岁生日礼物。莱昂内尔·沃尔特·罗斯柴尔德（Lionel Walter Rothschild）长大后赢得了许多“荣誉”：尊敬的勋爵、罗斯柴尔德男爵、国会议员、通奸者、勒索案受害者以及有史以来最不幸的、痴迷于鸟类的收藏家。

2

罗斯柴尔德勋爵博物馆

1868 年，华莱士的《马来群岛自然科学考察记》一书创作已接近尾声，而此时沃尔特·罗斯柴尔德出生在一个历史学家称之为人类史上最富有的家庭。其曾祖父被认为是现代银行业的创始人。其祖父资助英国政府入股建造苏伊士运河的公司。他的父亲与王公贵族们是好友，国家首脑经常向其咨询各种问题。而相反，沃尔特却与死鸟为伍。

在他 4 岁时，罗斯柴尔德一家搬到了特林庄园。庄园占地面积达 3600 英亩，其间有一座红色砖石砌成的宅第。3 年后，年少的沃尔特与他的家庭教师在午后散步时，偶然发现了艾尔弗雷德·米奈尔（Alfred Minall）的工作室，他是一名建筑工人，同时也从事标本剥制工作。整整一小时，这个男孩就看着他剥一只老鼠的皮，他被塞满小屋的生物标本和鸟类惊呆了。下午茶时，这个 7 岁大的孩子站起来突然对父母宣布："妈妈、爸爸，我要建一座博物馆，米奈尔先生会帮我照料它。"

他的母亲害怕他会得传染病，会着凉中暑，于是将他关在特林庄园的家中。沃尔特体态圆胖，口齿不清，不与同龄的男孩一道玩耍。相反，他拿着一个超大的蝴蝶网四处飞跑。14 岁时，他手下已有一大批人随时待命，帮他疯狂地收集昆虫、鸟蛋，订购珍稀鸟类。他带着一堆无翼鸟来到剑桥大学，此时特林庄园的自然历史收藏正在迅速增加，在返回这一安全之地前，他在剑桥大学度过了两年索然无味的时光。他的父亲长久以来一直期盼自己的长子对自然界的痴迷或许会逐渐消退，转而投身金融领域，继承罗斯柴尔德家族的事业，但这种痴迷似乎只是与日俱增。到 20 岁时，他已经收集了大约 46000 枚标本。为了送他一份 21 岁的生日礼物，他的父亲为他建造了他看起来唯一想要的东西：一座属于他自己的博物馆。博物馆建在特林庄园的一角。

沃尔特的父亲强迫他在罗斯柴尔德父子公司的伦敦新院总部工作，让他在银行业小试身手。但他感到无所适从，处境十分尴尬。沃尔特身高 6.3 英尺，体重 300 磅，口齿不清，跟别人相处时感到局促紧张。但当他结束一天的工作回到博物馆时，他就会放松下来，为自己的最新收获而热情高涨。1892 年，沃尔特 24 岁，这座位于特林小镇阿克曼街的沃尔特·罗斯柴尔德动物博物馆对公众开放。这座博物馆很快便每年吸引 3 万名游客前来参观，在当时，这对一座小镇博物馆来说，是个惊人的数字，但这更表明公众对陌生奇异之物的强烈欲望。落地玻璃柜里装满了北极熊、犀牛、企鹅、大象、鳄鱼和天堂鸟的标本，头顶的铁链上吊着鲨鱼标本。室外，一群动物在特林庄园的空地上踱步：鸸鹋、袋鼠、鹤驼、鸸鹋、陆龟及一只马和斑马交配产下的杂交斑马。幸运的游客还能看见骑在一只加拉帕戈斯象龟身上的沃尔特，这只龟已有 150 岁，是他从澳大利亚的一家疯人院里放生出来的。

沃尔特留着时髦的范戴克式胡须，在房子周围走来走去，“就像一架有脚轮的大钢琴”。他对博物馆的预算毫不在意，购买标本成瘾，他打开一包又一包的皮毛、蛋卵、甲虫、蝴蝶和飞蛾。这些东西是将近 400 名收藏者从世界各地寄来的。他对珍稀鸟皮的观察细致入微，有着非凡的鉴赏力，但涉及博物馆及遍布各地的收集者的日常管理工作时，他却搞得一塌糊涂。多年来，他将账单和其他信件丢进一个大柳条篮子里，一个篮子装满了，他就把它锁起来，再找来另一个篮子。

沃尔特从未逃脱母亲的过分关注，也从未搬离特林庄园。他始终未能赢得父亲的尊重，他绞尽脑汁地对父亲隐瞒他的巨额开销。沃尔特在罗斯柴尔德父子公司的门前台阶上放了两只活熊崽，这激怒了父亲，他试图阻止儿子继续进行收藏，但还没来得及阻止，儿子便又从新几内亚运回了几只鹤鸵。父亲将他从遗嘱中删除，也将他的肖像从银行的墙壁上取下来。这时，沃尔特对他的嫂子说："父亲做得完全正确，在金钱方面，我不值得信任。"

但她毫不知晓，在沃尔特向家人隐瞒的多笔开销中，有一笔是敲诈勒索。勒索他的人是曾与他有过一段私情的英国贵妇。他被家里切断了经济来源，又不顾一切地向母亲隐瞒可能发生的丑闻，于是他用唯一可能的方式筹集资金：出售其收集的大量鸟类藏品。1931 年，在纽约的博物馆大批购进标本期间，他以 25 万美元的价格将自己收藏的 28 万张鸟皮卖给了美国自然历史博物馆。在商谈的最后阶段，沃尔特要求对方承诺，将他的签名照片永久地挂在其藏品附近。"他对此感到欢欣鼓舞，就像小学生上了'光荣榜'，"博物馆的鸟类藏品主管写道，"尽管他总是摆出一副贵族的样子，但他也是个极其单纯的人。"

据他的侄女米丽娅姆·罗斯柴尔德（Miriam Rothschild）所言，"在卖掉藏品之后，他看起来明显萎靡不振……他觉得很疲惫又心神恍惚，午饭前，在博物馆里只待大约两小时。那时是冬天，鸟都飞走了"。他于 1937 年去世，将剩余的心爱藏品赠给了大英自然历史博物馆。他的侄女撬开那些上了锁的柳条篮子，发现了勒索者的要求和其身份，但她从来未将这些内容公开。他的墓碑上刻着《约伯记》（*Book of Job*）中的一句话："你且问走兽，走兽必指教你。又问空中的飞鸟，飞鸟必告诉你。"

在一切付诸东流之前，沃尔特·罗斯柴尔德对自然的痴迷使他拥有迄今为止规模最大的鸟皮个人收藏，他也是有史以来拥有自然历史标本最多的人。他雇用的收集者冒着生命危险去寻找新物种：其中一人被豹子咬断了一只手臂，另一个人在新儿内亚死于疟疾，三人因黄热病死在加拉帕戈斯群岛，还有其他一些人被痢疾和伤寒夺走了性命。据一名上门服务的制图师所言，一幅描绘特林收集者所到之处的地图就如“一个患了严重麻疹的世界”。艾尔弗雷德·牛顿（Alfred Newton）是沃尔特在剑桥大学时的教授，也是华莱士和达尔文进化论的拥护者，他斥责这位从前的学生说：“你认为你雇用的那群收集者是推动动物学发展的最好方式，对此我无法认同……毫无疑问，他们成功地达到了填满一座博物馆的目的，但他们掏空了这个世界，这是一种惨重的代价。”

然而，如果说沃尔特雇用的收集者是地图上的麻疹，那么另外一类搜寻者就是坏疽：无论特林博物馆收集了多少标本，这与大范围的鸟类屠杀相比都不值得一提。这种屠杀活动遍及世界各地的丛林、森林、沼泽及河口。1869 年，艾尔弗雷德·拉塞尔·华莱士首次表达了他对“文明人”的潜在破坏性的担忧，但他不曾料到他的担忧很快便成了现实，历史学家称之为“灭绝的时代”：地球有史以来，人类对野生生物的最大规模的直接屠杀。

在 19 世纪的最后 30 年里，数以亿计的鸟被杀死，这不是为了丰富馆藏，而完全是为了另一个目的：女性时尚。

3
羽毛热

在爱马仕手袋或鲁布托高跟鞋问世之前，身份的首要标志就是一只死鸟。鸟越奇异就越昂贵，越昂贵就越彰显主人的身份地位。雄鸟逐渐长出色彩艳丽的羽毛，以吸引颜色暗淡的雌鸟的注意。而在动物与人类的一个奇特交叉点上，这些羽毛被窃取，女人用它们来吸引异性，来证明自己的社会地位。历经数百年之后，这些鸟已经变得太过美丽，美到不能只为了自身而存在。

如果存在羽毛热的“首例患者”，那便是玛丽·安托瓦妮特（Marie Antoinette）。1775 年，她从路易十六（Louis XVI）那里收到一份礼物——一支镶有钻石的白鹭羽毛，她将这支羽毛插入了自己精心盘好的发髻里。玛丽·安托瓦妮特并不是第一个佩戴羽毛的人，但她是无可争议的时尚达人。当时新兴的轮转印刷机使杂志得以普及，而这些杂志又向遍布全球的订阅者传达了最新的时尚潮流。

在玛丽·安托瓦妮特去世后的一个世纪里，成千上万的女人订阅了充斥着羽毛的时尚杂志，如《时尚芭莎》(*Harper's Bazaar*)、《妇女家庭杂志》(*Ladies' Home Journal*) 及《时尚》(*Vogue*) 等。《时尚》杂志 1892 年 12 月的创刊封面上印着一个初入上流社交界的富家少女，这位少女为一群轻盈剔透的鸟和蝴蝶所环绕。封面上还有为拉林斯（Rallings）夫人位于纽约第五大道的女帽店及诺克斯帽子所做的广告，广告语分别是：“拥有琳琅满目的优雅巴黎女帽”和“骑马戴的帽子—散步戴的帽子—开车戴的帽子—看戏戴的帽子—会客戴的帽子—婚礼戴的帽子—各种社交场合戴的帽子”。

另一本畅销的美国时尚杂志《描画者》(*The Delineator*)在1898年1月号上公布了最新的女帽流行趋势:“对于日常散步所戴的帽子而言,坚挺的羽翼最为时髦……对于软帽及带檐的帽子而言,装饰着闪光亮片的羽翼、白鹭羽饰和中间露出一支天堂鸟羽饰的羽毛绒球都是不错的选择。”

这些杂志中推崇的完美的维多利亚时代女性拥有雪白的肌肤,这表明她们不用顶着太阳外出工作。她们穿着用钢箍做成的钟形裙撑,裙撑从系着令人窒息的紧身胸衣的腰间垂下。她们身着僵硬笨重的衬衣和宽松连衣裙,后背和两侧系着一条条的鲸骨定型。一位如此穿着的女性写道:“我们的大部分时间都花在换衣服上。你穿着自己‘最好的衣服’下楼吃早餐……从教堂回来,要换上粗花呢套装。下午茶之前,你总要再换一身衣服……无论你在服装方面的花销有多紧张,每晚你都必须换一套不同的晚宴服。”如果你想去散步,就要有一套专门的服装。购物时还需要另一套服装。

由于时尚法则不断变化,每种场合都需要戴特定的帽子,每种帽子又都需要不同种类的鸟来做装饰。美国和欧洲的女性争先恐后地购买最新款的羽毛,她们将整张鸟皮都安在帽子上,极尽浮华,大得惊人,以至于她们乘坐马车时,不得不跪着或将头伸出窗外。

1866年,一位著名的鸟类学家在午后散步时对羽毛热的程度进行了一次非正式调查。他漫步走过纽约市郊的商业区,数了一下,有700名女士戴着帽子,其中四分之三的人以整张鸟皮作为装饰。这些鸟不是从中央公园偷猎来的,那种后院常见的鸟类在羽毛时尚圈难登大雅之堂。当时流行的鸟类品种有天堂鸟、鹦鹉、巨嘴鸟、绿咬鹃、蜂鸟、动冠伞鸟、雪鹭及鱼鹰。帽子成了这些鸟类的主要葬身之地,但其他的服装也经常用它们来做装饰,如一位商人售卖一张用8000张蜂鸟皮制成的披肩。

据历史学家罗宾·道蒂（Robin Doughty）所言，在贸易初期“羽毛商人按根购买羽毛，然而，随着女帽的流行，尤其是在巴黎，他们变为按斤购买，批量购买成了普遍规则”。考虑到羽毛的重量，这意味着一个惊人的数字：以牟利为目的的猎人要杀死 800 到 1000 只雪鹭才能得到一公斤羽毛。而只要 200 到 300 张更大张的鸟皮便能产出一公斤羽毛。

随着羽毛产业的不断成熟，相关数字只增不减：1789 年，大约在玛丽·安托瓦妮特展示其钻石羽毛的那段时期，法国有 25 名羽毛工人；到 1862 年，有 120 名；到 1870 年，人数飙升至 280 人。如此多的人在拔羽毛和鸟类标本制作行业工作，为了保护工人的利益，各种贸易组织纷纷涌现，如羽毛商人协会、羽毛染色工人协会，甚至还有一个羽毛行业童工援助协会。在 19 世纪的最后几十年里，法国进口了将近一亿磅的羽毛。伦敦民辛巷的各拍卖行在 4 年时间里，共拍卖了 15.5 万只天堂鸟，这只是整个产业的冰山一角。该产业同期进口了 4000 万磅羽毛，价值达 28 亿美元（按当前美元计算）。一位英国商人说他在一年的时间里就售出了 200 万张鸟皮。美国的羽毛产业也不例外——到 1900 年，共有 8.3 万名纽约人在女帽行业工作，为此每年约有 2 亿只北美鸟类被杀。

随着野生鸟类数量的减少，羽毛的价格上升至原来的两倍、三倍乃至四倍。最上乘的雪鹭羽毛仅在求偶季节才会长出，而一盎司这样的羽毛就要卖到 32 美元，一盎司的黄金才值 20 美元。按当前美元计算，一公斤的白鹭羽毛价值超过 1.2 万美元。这驱使猎羽者深入佛罗里达的鸟类栖息地，在一个下午的时间里将几代鸟类赶尽杀绝。

苍鹭和鸵鸟等鸟类远远供不应求，于是世界各地的创业者建立了羽毛农场。由于苍鹭不喜欢生活在笼子里，农民们就弄瞎它们的眼睛，用一根细细的棉线将它们的上眼睑和下眼睑缝在一起，让它们变得更加温驯。它们的背上能生出财富，事实上，当泰坦尼克号于1912年沉没时，船上最值钱、保价最高的货物便是40箱羽毛，在商品市场上，其价格仅次于钻石。

达尔文和华莱士寻遍山野丛林，为的是得到线索解释物种的出现与消失，许多西方人认为物种灭绝这一想法愚蠢可笑，部分原因在于他们笃信宗教，另一部分原因在于“新世界”的丰裕富足。化石展现了消失物种的命运，这种命运可以被解释为大洪水的杰作：那些存活下来的物种一定是登上了诺亚方舟。在早期的美国殖民地，鲑鱼的数量庞大，人们可以站在河堤上用叉子叉鱼。鲑鱼十分常见，经常被碾碎用作农作物肥料。天空中，一片片迁徙的鸟遮天蔽日。1813年，约翰·詹姆斯·奥杜邦曾连续3天在一大群旅鸽投下的阴影中行进。平原上到处是野牛群哞哞前行，它们的数量异常庞大，一个士兵要骑行整整6天才能穿过牛群。

美国人将目光投向西部，走向自己的“宿命”。他们真的按照上帝的旨意“遍满地面，治理这地”，“也要管理海里的鱼、空中的鸟，和地上各样行动的活物”。这是工业化社会的神之委任权。在这种幻象之中，人们认为石头中炼出的铜铁金永远不会枯竭，水中鱼、空中鸟永远不会灭绝，森林中的橡树永远不会耗尽。在《创世记》成书之时，世界人口只有1亿，而在1900年，渴求资源的人类数量已直逼16亿，他们所需要做的就是用机器来更有效地从自然界榨取和获得原材料。

他们一次次地带着左轮手枪和上帝的祝福，彻底摧毁了通往太平洋之路。1831年，亚历克西斯·德·托克维尔（Alexis de Tocqueville）在结束了美国之行后总结道，美国公民“对无生命的自然奇观麻木不仁……他们的目光注视着另一番景象：美国人看着自己穿越荒野、排干沼泽、改变河道、住满僻处、征服自然”。游客们坐着火车，射击窗外的野牛取乐，到 19 世纪末，6000 万头美洲野牛已被猎杀至 300 头。到 1901 年，数十亿只旅鸽由于猎杀而灭绝。在佛罗里达大沼泽地，汽艇驾驶员载着一船带着猎枪的户外运动爱好者，他们在“充斥着噪声、火药和死亡的狂欢”中，向短吻鳄和白鹭开火。在美洲大陆各处的森林里，那些比莎士比亚还要年长的树木被砍倒并送往工厂。与此同时，羽毛热蔓延开来。

随着 20 世纪的到来，美国人实现了自己的天命。1890 年的人口普查发现，众多的定居点遍布全国，已没有所谓的边疆。我们的祖先抵达了太平洋，回看前路，疮痍满目：座座山峦被毁，条条河流因淘金热被污染，各个物种也随着越变越大的城市和越来越高的烟囱而消失。1883 年至 1898 年间，26 个州的鸟类数量下降了将近一半。1914 年，地球上最后一只人工饲养旅鸽玛莎（Martha）死于辛辛那提动物园。4 年后，玛莎的笼子又见证了因卡斯（Incas）的死亡，它是地球上最后一只卡罗来纳长尾鹦鹉。

4
一场运动的诞生

1875 年，玛丽·撒切尔（Mary Thatcher）为《时尚芭莎》杂志撰写了一篇名为《屠杀无辜者》的文章，指出心地善良的女性“如果未因对‘时尚’的热爱而蒙蔽双眼，就不会给任何生物造成不必要的痛苦”。她抨击道，“人们普遍认为，鸟兽是为了供人类利用和娱乐而被创造出来的”，而这“并不符合基督教的观点”。

5 年后，伟大的妇女参政论者伊丽莎白·卡迪·斯坦顿（Elizabeth Cady Stanton）谴责了束缚女性的社会后果，女性们穿着笼子般的紧身胸衣和裙衬，忍受着痛苦去追求最新时尚，而不是去发展自己的身体和思想。她在一次著名的演讲中说：“众所周知，我们的时尚是由法国交际花引领的，她们的毕生事业就是研究如何取悦男人，留住他们满足私欲。亲爱的姑娘们，上帝赋予你们思想……你们的毕生事业不是吸引男人或取悦任何人，而是把自己塑造成一个伟大而光荣的女性。”斯坦顿对维多利亚时代女性久坐不动、索然无味的生活感到失望，她敦促自己的听众“记住美丽是发自内心的，不是一件随意穿脱的衣裳”。

与此同时，英国妇女也群起反对羽毛交易。1889 年，来自曼彻斯特的 36 岁妇女埃米莉·威廉森（Emily Williamson）创立了一个名为“羽毛联盟”的组织，致力于遏制屠杀鸟类。两年后，她与伊丽莎·菲利普斯（Eliza Phillips）在克罗伊登所组织的“皮毛羽毛集会”联合起来，并很快更名为“皇家鸟类保护协会”。该协会成员全部由女性组成，成员只需遵循两个简单的原则：停止佩戴羽毛；劝阻他人佩戴羽毛。“皇家鸟类保护协会”

迅速成为全国范围内成员数量最庞大的组织之一。

1896 年，波士顿名媛哈丽雅特·劳伦斯·海明威（Harriet Lawrence Hemenway）被一篇有关羽毛贸易暴行的文章所激怒。她在堂妹明娜·霍尔（Minna Hall）的协助下，举办了一系列茶会，劝阻朋友们不要佩戴羽毛。在 900 名女士加入后，两人成立了奥杜邦协会马萨诸塞分会。几年之内，这一新成立的分会便在全国各地拥有数万名会员。

在美国和英国，这些女性争相教化他人，以时尚界使用羽毛为耻。她们在伦敦西区分发小册子，高举着牌子进行示威游行，牌子上画着屠杀白鹭的景象，并配有标语，将羽毛帽子称为“残忍的标志”。奥杜邦协会在美国举行多场公开演讲，支持“白名单”上不使用鸟类的女帽商，并对国会施加压力，迫使其采取行动。在这样的一次倡议行动中，奥杜邦协会于 1897 年在纽约美国自然历史博物馆举行了一场演讲，鸟类学家弗兰克·查普曼（Frank Chapman）谈到了那些堆积在女帽制作车间里的天堂鸟：“这种美丽的鸟类现在已几近灭绝。被时尚选中的物种注定要遭受厄运。而弥补这种滔天罪恶的力量就掌握在女性手中。”

新闻界很快便加入了这场论战。1892 年，以创造“卡通”一词而闻名的英国周刊《笨拙》（*Punch*）刊登了一幅漫画，画中的女人戴着一顶用死鸟装饰的帽子。她充满威胁地伸出双臂，背部长出巨大的羽毛，她没有脚，而长着爪子。鱼鹰和白鹭惊恐地从她身边飞走。这幅画的标题是：猛禽。在另一幅名为“物种灭绝”的漫画中，一名头顶死去白鹭的女人被称为“无情的时尚女郎”。在美国，《时尚芭莎》杂志的编辑在 1896 年宣称：“似乎是时候发起一场反对滥用羽毛的运动了，如果现在这种狂热继续下去，一些最稀有、最珍贵的物种……将会很快灭绝。”

《妇女家庭杂志》也采取了相同的做法，给出了真鸟的时尚替代品，刊登了宰杀鸟类的照片并告诫道："您下次再购买……装饰帽子的羽毛时，请想想这些照片。"

1900 年，美国通过了《雷斯法案》(*Lacey Act*)，环境保护主义者随之迎来了最初的重大胜利。该法案禁止跨州贩卖鸟类，尽管其并未阻止从外国进口鸟类。1903 年，大沼泽地的雪鹭被猎杀至濒临灭绝的境地，于是西奥多·罗斯福（Theodore Roosevelt）总统签署了一项行政命令——在佛罗里达州的鹈鹕岛建立首个联邦鸟类保护区，这是他担任总统期间设立的 55 个保护区之一。

英国的亚历山德拉女王（Queen Alexandra）也很快加入了这场论战，1906 年，她命其助手给皇家鸟类保护协会主席写了一封信，宣布她永远不会佩戴鱼鹰或其他珍稀鸟类的羽毛，"并将尽其所能阻止屠杀这些美丽鸟类的残忍行径"，女王的这封信被多家报纸及时尚杂志刊登。

此时，羽毛行业为了生存而战。他们开展了各种精心谋划的活动，诋毁"羽毛联盟"及"奥杜邦协会"等组织，称他们为"跟风者和感伤派"。《女帽贸易评论》(*Millinery Trade Review*）杂志对每况愈下的名声做出了迅速判断，号召进行反抗："进口商和制造商别无选择，只能接受挑战，与这些人进行激战。"代表纽约女帽商保护协会、伦敦商会纺织部及羽毛商人协会等团体的说客警告立法者，称任何限制羽毛贸易的法律都会在这样一个经济不景气的时刻导致就业岗位的减少。一位著名的博物学家在《纽约时报》(*New York Times*）上撰文写道："羽毛商人带着如长久以来驱使奴隶贩子一般的仇恨，为他们不公平的交易而斗争。"

最终环境保护主义者胜出。一系列新法案对全球的羽毛贸易进行限制。美国于 1913 年通过了《安德伍德关税法》，禁止一切羽毛的进口。美国 1918 年的《候鸟协定法案》禁止在北美猎捕任何候鸟。1921 年，英国通过了《禁止羽毛进口法案》。1922 年，美国通过了修正案，禁止进口天堂鸟。

羽毛热的终结也受到其他因素的影响，特别是第一次世界大战爆发的影响。战争带来了一段紧缩节制的时期。时尚潮流由浮华转向实用，因为女性要去兵工厂工作，或顶替参战男性所空出的其他职位。汽车的出现意味着女性不能在车里戴饰满羽毛的大帽子。与此同时，电影变得越来越受欢迎，戴着遮挡屏幕的大帽子显得不时尚，甚至不礼貌。女性仍被期望留在家里，并且尚未被赋予投票或拥有财产的权利，而在这样一个时代，废止羽毛贸易的任务最终就落在了她们肩上。

然而，占有美丽事物的欲望永远无法彻底根除。尽管环境保护运动取得了一些成果，但对一些老一辈的女性来说，让她们放弃佩戴羽毛的“悠久”传统很难，纵使她们的女儿和孙女对此避之唯恐不及。20 世纪初，为了满足她们的需求，一种新的职业应运而生：贩卖野生动物。随着每次立法胜利而来的是，一群违法者挑战执法的底线。1905 年，偷猎者杀死了最早两位被派去保护佛罗里达州濒危雪鹭的看守人。同年，夏威夷莱桑岛当局逮捕了一伙日本狩猎者，他们携带着 30 万只已经死亡的黑脚信天翁。1921 年，一名在纽约下船的游客被发现携带了 5 只天堂鸟羽毛和 8 束白鹭羽毛，他将这些东西藏在行李箱的夹层里，另外还带了 68 瓶吗啡、可卡因和一小包藏在干果袋里的海洛因。第二年，《纽约时报》报道称，海关检查员受训观察上岸船员的颈部和腰部：如果脖子很细而身体臃肿，他们就会被逮捕，“一次，一个精心乔装、高傲自负的船长看起来很可疑，搜身后发现，他身体周围架了一大圈羽毛”。

走私者在企图逃避官方检查的过程中变得越发有创意。一名在“克罗兰号”轮船上工作的意大利厨师，被发现裤子里藏了150根天堂鸟羽毛，还有另外800根藏在他的房间里。在伦敦，两名法国人因在一批装蛋纸箱里私藏天堂鸟皮而被拘捕。官方还发现一个走私天堂鸟的国际团伙在宾夕法尼亚州的一个乡镇附近活动。得克萨斯州拉雷多的官员逮捕了两名试图将527张新几内亚鸟皮偷运过格兰德河的男子。有报道称，有快艇沿马耳他海岸疾驰，船体中藏有从北非海岸走私而来的珍奇鸟类。报道还称，在巴伐利亚森林里有午夜集会买卖“鹦鹉香肠”，活禽的喙被紧紧封住，然后塞进女士连裤袜里，以混过官方检查。

环保主义者毫不气馁，于1933年在伦敦取得了又一重大胜利——9个国家签署了《保护自然环境中动植物伦敦公约》。该公约通常被称为“野生动植物保护大宪章”，其中列出了42个受保护物种：大多数是非洲大型哺乳动物，如大猩猩、白犀牛和大象，也包括少量鸟类。虽然受保护物种的名单并不完整，但该公约在道德、法律和实施层面，为打击野生动植物走私提供了一个框架。1973年，《伦敦公约》被《濒危野生动植物种国际贸易公约》（CITES）取代，该公约共有181个国家签署，由评估各个物种濒危程度的3个附录组成，对3.5万种动植物提供保护，其中有1500种是鸟类，包括艾尔弗雷德·拉塞尔·华莱士钟爱的王天堂鸟。

随着21世纪的临近，美国海关关员不再检查那些声名狼藉的水手的脖子，女性也早就不流行戴帽子，更不用说那些饰有奇异鸟类的帽子，这些鸟类比以往任何时候都受到更严格的法律保护，拥有更多的捍卫者。如今，皇家鸟类保护协会的会员人数已超过 100 万，负责全英国 200 多个自然保护区的维护工作。而奥杜邦协会也拥有超过 50 万会员。

然而，当法律关注的焦点落在犀牛角和象牙上时，互联网的诞生却让一群痴迷于珍稀非法羽毛的人聚在了一起，他们就是维多利亚时代鲑鱼飞蝇绑制艺术的践行者。

5

维多利亚时代飞蝇钓兄弟会

1915年年底，一伙组织散漫的英国远征军士兵盘踞在马其顿边界以南，旁边就是安菲波利斯城的一片古希腊墓地。一颗打偏的炮弹炸开了附近一座坟墓的入口。军医埃里克·加德纳（Eric Gardner）在里面发现了一副公元前200年的骨架，骨架手里还抓着一把古铜色的鱼钩。加德纳把这些鱼钩分发给士兵们，他们的补给船刚刚被鱼雷击中，于是这群饥肠辘辘的士兵将这些2000年前的鱼钩抛进了附近的斯特尔马河中。他们钓上了上千条野生鲤鱼，最大的重达14磅。加德纳回去向司令部报告“军队的伙食有令人欣喜的改变”，并将鱼钩寄回去，存放在海德公园内的帝国战争博物馆里，留给子孙后代。这里与自然历史博物馆相距不远。

这些古老的鱼钩仍然很好用，这证明了人与鱼之间的契约简单质朴：在弯曲的金属上放上诱饵，系在一根绳子上，然后抛出去。对于鲤鱼等食底泥鱼类来说，蠕虫很容易引其上钩，但对于鳟鱼等捕食水面上飞虫的鱼类，最好在鱼钩上绑几根羽毛。

使用羽毛钓鱼的最早记载出现在3世纪的一部作品中，作者是一个名为克劳迪厄斯·埃利亚努斯（Claudius Aelianus）的罗马人，他描写了钓鳟鱼的马其顿渔民将“深红色的绒线缠在鱼钩上，再将两根公鸡颈部红色肉垂上的羽毛固定在绒线上”。在接下来的几千年里，这种做法无疑还在继续，但没有任何有关飞蝇钓的文字记载能从黑暗时代留存下来。直到1496年，飞蝇制作才再次出现。当时，在伦敦的舰队街，一位名叫云肯·德·沃德（Wynken de Worde）的荷兰移民拥有一台最新式的印刷机，他出版了《论钓鱼》(*A Treatyse of Fishing with an Angle*)一书。书中简要介绍了12种绑制鳟鱼飞蝇的“配方”，每种配方对应一个月份，飞蝇钓狂热者将其称为“十二陪审团”。3月的暗褐色飞蝇需用黑色的绒线做“虫体”，“最黑的公鸭毛”做“翅膀”。绑制5月的黄色飞蝇，建议用黄色的绒线做虫体，染色的黄鸭毛做翅膀。尽管这本书主要针对垂钓鳟鱼，却称鲑鱼是“能在淡水中钓到的最体面的鱼”。

如果说鲤鱼鱼饵和鳟鱼鱼饵之间的差距是一道裂缝，那么鳟鱼鱼饵和鲑鱼鱼饵之间便有一道鸿沟。钓淡水鳟鱼需用非常逼真的飞蝇，要模仿各种水生昆虫的颜色、大小、生命周期和活动方式。为了“与孵化过程相一致”，钓鱼者必须清楚何时抛投若虫，模仿昆虫紧贴水下岩壁的那一生命阶段；何时抛投深褐色飞蝇，使之与昆虫浮出水面、冲破包裹翅膀的“外壳”的时间相吻合。鳟鱼挑剔、善变、反复无常，若不密切关注河流生态系统，垂钓者很难有钓到鳟鱼的好运气。鳟鱼飞蝇的制作材料单调、普通、廉价，需要麋鹿毛、兔毛、羊毛和鸡毛。

与之形成鲜明对比的是鲑鱼飞蝇，它不为模仿自然界中的任何生物，而是为了激怒挑衅。目标鱼类正从海洋返回出生的河流，在砾石层(河床产卵区)中产卵，然后结束自己的一生。在它们死后，尸体会释放出大量的养分，引来幼虫和其他昆虫，这些虫子最终会成为它们新孵化后代的第一餐。在每年一度的鲑鱼洄游之旅中，鲑鱼停止进食，而是用它们的犬齿和钩状下颚咬死入侵者，保护自己的产卵区。鲑鱼不会因为垂钓者的飞蝇形似一只昆虫而冲上去：它们攻击飞蝇，是因为它是一个异物，并出现在了它们刚刚产卵的区域。

捕捉鳟鱼需要悉心观察自然。而捕捉鲑鱼可能只需要一个绑着狗毛的鱼钩，外加一点运气。但贵族垂钓者绝不会因此而破坏一种浪漫的氛围，他们要在田园诗般的乡间抛出一枚美丽的飞蝇，引“鱼类之王”上钩。艾萨克·沃尔顿（Izaak Walton）于1653年在《钓客清话》（*The Compleat Angler*）中写道：“河流及各种水生生物供智者深思，而愚人只会对其视而不见。”沃尔顿描写了一个有条条神奇之河奔流的世界，吸引着“垂钓兄弟会”的下一代成员。其中一条河流能使点燃的火把熄灭，使未燃的火把燃烧；另一条河能使鱼竿变成石头。有些河流能随音乐翩翩起舞，而有些河流能使啜饮河水之人丧失理智。阿拉伯半岛有一条河，羊喝了河水，毛便会变成朱红色。朱迪亚地区的一条河一周之中有6天奔流不息，而在安息日那天停止流动。

当然，离家园更近的地方也有颇具神话色彩的河流，如迪伊河、特威德河、泰恩河及斯佩河，但它们距伦敦路途遥远，除了当地人和那些有办法穿越车辙沟壑、罗马古路和狭窄马道的人，其他人均无法到达。直到近两个世纪后的维多利亚时代，铁路才使底层民众能有机会一睹这些传奇般的河流。突然之间，加入“垂钓兄弟会”的不再只是皇亲贵族，工人阶层也登上了火车，远离工业化的城市生活，做以小憩。

为了限制这些闯入者，英国贵族通过一系列的《圈地法案》将土地隔离，并将水域私有化。工人阶级垂钓者突然被禁止靠近他们毕生都在此垂钓的河流：土地拥有者坐享一大片盛产鲑鱼的水域，开始向飞钓者收取额外费用。

据研究飞蝇钓的史学家安德鲁·赫德（Andrew Herd）所言，至19世纪末，“几乎英国境内的所有水域都被地主或俱乐部牢牢控制”，有近700英亩的水域受到侵入法的保护，被围了起来，禁止公众擅入。旧秩序得以恢复，只有富人才能进行以尊贵的鲑鱼为目标的“狩猎式垂钓”，而普通人仅限于“一般性垂钓”，只能钓像鲤鱼这样的低等食底泥鱼类。

此时，大部分的水域都已归私人所有，钓鲑鱼这项消遣活动“很快便肩负起传承传统与习俗的重担”。私人垂钓俱乐部和贵族们针对每条河流，设计出属于自己的飞蝇式样。飞蝇很快便呈现出浮华艳丽的外表，由价格不菲的奇异鸟类羽毛制作而成。尽管这些飞蝇并没有带来切实的优势，但垂钓者们对此仍趋之若鹜，“几近疯狂”。据赫德所言，“当地渔具商极力怂恿，从新兴的鲑鱼垂钓者那里赚到了大把的钱”。

毕竟，为了满足羽毛时尚贸易的需求，伦敦各港口已挤满了运送奇异鸟皮的船只。女士们争相购买最珍稀的羽毛来装饰帽子，而她们的丈夫则把羽毛系在鱼钩上到处炫耀。威廉·布莱克（William Blacker）于1842年所著的《飞蝇制作艺术》（*Art of Fly Making*）是第一本有关这种艺术形式的书籍。该书问世时，飞蝇制作方法已从使用鸡毛变为使用南美动冠伞鸟和印度蓝翠鸟的羽毛，以及使用喜马拉雅棕尾虹雉和亚马孙金刚鹦鹉的羽冠。

《飞蝇制作艺术》是第一本分步详细讲解各种鲑鱼飞蝇制作方法的书籍，并且指出了各种飞蝇在哪条河流最为适用。他向主顾们承诺，“它们对爱尔兰和苏格兰河流中的鱼最具吸引力”，但前提是飞蝇的颜色要用对：红褐色、浅黄褐色、暗红色、深橄榄色、紫红色、灰蓝色或普鲁士蓝。布莱克是个经商行家，他出售自己的书籍、飞蝇、羽毛、亮丝、丝线和鱼钩。为了尽善尽美，他推荐使用37种不同鸟类的羽毛，其中包括凤尾绿咬鹃、蓝鸫鹛和天堂鸟。

有些人买不起奇异鸟类，他就指导他们将普通的羽毛染色：鹦鹉身上的黄色需用一汤匙的姜黄粉与磨碎的明矾和酒石晶体混合。核桃皮中的汁液可以调出淡棕色。靛蓝粉溶解在浓硫酸中能染出深蓝色。但就大多数情况而言，染色羽毛始终不及“真材实料”。

随着维多利亚时代的发展，鲑鱼飞蝇变得越发精致，飞蝇绑制书籍的作者们开始鼓吹一种伪科学，以证明对这种昂贵奇异的材料的需求是合理的。其中一位最主要的鼓吹者是贵族公子哥儿乔治·莫蒂默·凯尔森（George Mortimer Kelson）。他生于1835年，大部分的青春时光都花在了板球、长距离游泳和障碍赛跑上，但最终他对飞蝇钓和有阶级之分的飞蝇绑制领域投入了极大的热情，这使其他一切爱好都黯然失色。

凯尔森1895年的作品《鲑鱼飞蝇》（*The Salmon Fly*）是有关这种艺术形式的巅峰之作：狂傲自信、蔑视业余爱好者、痴迷于稀有的羽毛。他在开头用一整章的篇幅吹嘘自己的作品科学严谨，但至少他所采用的方法是令人质疑的。为了洞悉鲑鱼的想法，凯尔森带着色彩各异的飞蝇潜入水中，睁开眼睛观察它们在水下的样子。他首先用一枚名为“屠夫”的飞蝇进行尝试，但每次他试图观察蓝色金刚鹦鹉和染成黄色的天鹅羽毛时，他都会搅起河床上的淤泥，导致它们无法被看清。于是，他将“屠夫”带到一处清澈冰冷的河水之中，他花了很长的时间在水下对它进行仔细观察，以致听力轻微受损。

他写道：“在运用我们的各项法则时，必须精确严谨。”他还列出了各种可能使鲑鱼被飞蝇吸引的因素，如“对某些颜色的偏好”，水质的清澈度或天气的变化。他的技艺异常精准，至少在他自己看来是如此，他推荐一种名为“埃尔茜”的飞蝇式样，来钓藏身于直立的巨石和附近的大圆石之间的鲑鱼。

凯尔森对“外行”“新手”和那些分不清“乔克·斯科特”飞蝇与“达

勒姆游侠”的“极端无知者”一笑置之。当然，鲑鱼也分不清楚，但为了证明花大价钱买这些昂贵的羽毛是有道理的，他们需要相信这些鱼能够分辨飞蝇绑制大作中所描写的20种绿色。

凯尔森在书中承认，对选择抛投的鲑鱼飞蝇的“分类”是人为的，但他似乎难以接受其全部含义。一次，一条鲑鱼无视他的飞蝇，而被一位业余垂钓者绑制的简易飞蝇引上了钩。对此，他气愤地描述道：“有时，鲑鱼什么都吃，而有时又什么都不吃……这种‘鱼王’在狂热兴奋之时，会张开其尊贵的嘴巴，吞下一个飞蝇，而将其称之为鲑鱼飞蝇简直是种耻辱……那就是一簇不对称的、松松散散的、色彩不协调的畸形羽毛。”但他很快又开始继续说教，宣扬飞蝇的对称原则和颜色的“均衡”和谐。

对凯尔森而言，飞蝇绑制与艺术有着千丝万缕的联系——他宣称，这项活动将会给它的追随者们灌输一种“精神与道德上的自律”。“有一种高雅的爱好，值得所有杰出之人关注，而这些人都是垂钓者，无论他们是牧师还是政治家，医生还是律师，诗人、画家还是哲学家。”凯尔森在这本权威著作中为这些杰出之人展示了8张令人叹为观止的手绘彩色插画，描绘了52种精致的成品飞蝇，并配以“冠军”“常胜者”“雷电”“青铜海盗”及“特拉赫恩的奇迹”等高傲的名称。

《鲑鱼飞蝇》一书详细介绍了大约300种绑制飞蝇的方法，并标明了每部分所需的材料。飞蝇的眼睛是用一圈蚕肠线做成的，头部、触角、面颊、侧面、喉部、后翅和前翅都需要用专门的羽毛。他的飞蝇分析图表显示了19个不同的组成部分，并且还包括各种式样和弯度的鱼钩。

若按特拉赫恩的方法绑制飞蝇，读者需要银色的猴子毛、灰色的松鼠毛、猪毛、野兔脸上的毛、山羊胡子、来自东方的丝绸及来自北极的皮毛；

单锥和双锥及单钩和双钩；各种亮丝：扁平的、椭圆的、饰有浮雕的亮丝蝇绒线；各色的海豹皮毛：亮橙色的、柠檬色的、红褐色的、鲜红色的、紫红色的、紫色的、绿色的、金橄榄色的、深蓝色的、浅蓝色的及黑色的；还需鞋线蜡。要绑制维多利亚式鲑鱼飞蝇，在提到羽毛之前，清单上的所需材料就已经有一长串了。

凯尔森喋喋不休地列举他的鸟皮存货：条纹鸫鹛（目前已濒临灭绝）、美国大公鸡、棕夜鹭、南美麻鸦及厄瓜多尔动冠伞鸟。但他对其中的一种鸟最为珍视："我最棒的发现就是黄金天堂鸟。垂钓的兄弟们，愿你也有我这般好运！这仅需花费你 10 英镑！"

他承认，当得不到奇异鸟类羽毛时，也可以使用普通鸟类的染色羽毛，但他强调："无论羽毛染得多么精美，即使是在色彩新鲜时，它们看起来也不像天然羽毛那样美丽，也不如其在水中时那样具有吸引力。以黄金天堂鸟为例……世间染得最精致的橙色羽毛也与之有天壤之别。"

凯尔森与其著作影响深远，甚至在他 1920 年去世前，他就成了一种品牌。博柏利推出了一款凯尔森防水夹克，上面有用来装渔具盒和特殊飞蝇的大口袋。C. 法洛公司设计了一款定制的凯尔森鱼竿和凯尔森专利静音铝制鲑鱼摇柄。莫里斯·卡斯韦尔公司出售凯尔森珐琅鲑鱼钓线。

凯尔森清楚自己不乏批评者，有些垂钓者质疑这些五花八门的产物是否有必要，但凯尔森对他们不屑一顾，认为他们是"目光狭隘的爱好者，用错误的方法抛出了不适当的飞蝇，钓上了一两条鱼，于是便被这种罕见的机会给可怜巴巴地蒙骗了"。他指出，伽利略在当时也曾受到类似的质疑。

纵观 20 世纪，有些零星分散的飞蝇绑制者仍在沿用凯尔森及其同辈人的方法，但直至 20 世纪最后几十年，飞蝇绑制才真正再度重现，这在一定程度上是由于保罗·施莫克勒（Paul Schmookler）的影响。1990 年的一期《体育画报》（*Sports Illustrated*）对他的鲑鱼飞蝇进行了介绍，这些飞蝇被收藏者以每枚 2000 美元的价格抢购，文章开篇这样写道："如果唐纳德·特朗普（Donald Trump）支付不起泰姬陵赌场的利息，他或许可以给纽约军校的昔日同窗保罗·施莫克勒打一通电话，咨询一下赚钱的窍门。"

作者惊叹道："为了装饰一枚飞蝇，施莫克勒会使用多达 150 种材料，从北极熊和水貂的皮毛到野火鸡、锦鸡、白冠长尾雉、非洲斑点鹁和巴西蓝鸫鹛的羽毛。"

施莫克勒说："我所使用的材料并不是取自濒危物种名单上的动物，或是在《濒危物种法案》通过之前收集的。如果你要绑制风雅古典式样的大西洋鲑鱼飞蝇，你不但要了解材料，还必须得了解法律。"

20 世纪 90 年代，施莫克勒出版了一系列精装图书，如《珍稀飞蝇绑制材料：自然史与被忘却的飞蝇》（*Rare and Unusual Fly Tying Materials: A Natural History and Forgotten Flies*）。这些书的售价高达数百美元，限量版的皮革装订本售价超过 1500 美元。他的著作出现在互联网时代的前夕：不久之后，易贝网（eBay）和维多利亚飞蝇绑制论坛迎来了新一拨的羽毛痴迷者，他们期望用施莫克勒、凯尔森及布莱克的方法绑制飞蝇。

与他们的祖先不同的是，大多数新一代的飞蝇绑制者甚至不懂怎样钓鱼，而是将飞蝇视作一种艺术品。但就材料而言，他们被困在了一个错误的时代。伦敦和纽约不再有搬运工卸下一船船的天堂鸟皮。凯尔森书里宣传的渔具店早已消失无踪。有羽毛装饰的帽子已经过时 100 多年了。凯尔森绑制法所需的许多鸟类已濒临灭绝、生存受到威胁或得到《濒危野生动植物种国际贸易公约》的保护，禁止贩卖。新一代飞蝇绑制者所投身的这项艺术活动，若非付出极大的艰辛，便无法合法从事。

互联网的到来引发了一场搜寻稀有鸟类的短暂热潮，一些雄心勃勃的易贝网用户翻箱倒柜地搜遍祖母的阁楼，找到维多利亚时代的帽子进行出售。线上还会拍卖一些 19 世纪的陈列柜，里面摆满了自然界的珍品，偶尔里面还有奇异鸟类。线下一些富有的绑制者在英国乡村的遗产拍卖会中交上好运。一名神通广大的飞蝇绑制者带着一些鸟类标本潜逃，这些标本是他从专门经营电影道具的公司租来的。

然而可供搜寻的阁楼只有那么多，150 年前的帽子上可供摘下的羽毛也数量有限。这项活动日渐流行，一对蓝鹈鹛、印度乌鸦、凤尾绿咬鹃或天堂鸟羽毛的价格也随之攀升，其中的一些鸟类已是受保护物种。那些碰巧拥有稀有鸟皮的少数幸运儿高高在上，下面众多渴望羽毛的新手则把他们奉为偶像：拥有这些珍稀的材料，他们就可以绑制出最美丽的飞蝇。

对大多数飞蝇绑制者而言，能亲见这类鸟的唯一方式就是去特林这样的自然历史博物馆，贪恋地凝视展柜里的鸟。

6

飞蝇绑制艺术的未来

1705 年，就在纽约市以北 120 公里的哈德孙河谷地区的克拉弗拉克小镇外，一颗 5 磅重的乳齿象牙被春季洪水冲下了陡峭的山坡，落在了一位正在田间耕作的荷兰佃农脚下。他把这颗拳头大小的象牙带到了城里，用它跟当地的政客换了一杯朗姆酒。这是美国境内发现的首例灭绝动物遗骸，这具绰号为“未知者”的遗骸引发了神学上的疯狂热议：怎么会有东西从上帝所创造的世界上消失呢？是诺亚忘记把“未知者”装上方舟了吗？

1998 年，里斯特一家从曼哈顿上西区搬到了克拉弗拉克。到此时，又有 100 个物种从地球上消失，其中的 70 种是鸟类，它们由于猎杀而惨遭灭绝。

多年来，其他的许多东西也在小镇绝迹。一个世纪以来，小镇上的磨坊和锯木厂由克拉弗拉克河上 150 英尺高的瀑布提供动力，而如今都已关门大吉。消失无踪的还有棉花和羊毛制品厂。每年哥伦比亚县的渔场都会将几千条褐鳟放入这条河中，鳟鱼在水坑和急流中遨游，盯着飞蝇，躲避垂钓者。

举家北迁时，埃德温 10 岁大，不是一个爱在田间溪流嬉戏玩耍的孩子。哪怕只是看到一只红蚂蚁，他也会拔腿向高处跑去。他大部分时间都待在室内，做家庭作业，练习长笛，和弟弟安东（Anton）一起玩耍。

这对兄弟在家中由父母教育。母亲林恩（Lynn）和父亲柯蒂斯（Curtis）均毕业于常春藤盟校，都是自由撰稿人。林恩教他们历史，柯蒂斯负责教数学。白天，柯蒂斯为《探索》（*Discover*）杂志撰写文章，文章的主题五花八门，从有关篮球罚球的物理学，到与艺术品保存相关的分子化学，再到海王星的行星运动。晚上，他给儿子们读《伊利亚特》（*The Iliad*）。他们很少看电视。

埃德温受到求知好学思想的熏陶，在学业上突飞猛进，如饥似渴地学习新知识。每周一，他的妈妈会送他去附近的西班牙语成人班学习，在那儿他和四十几岁的人一起练习动词变位。埃德温开始对蛇类着迷，于是他的父母聘请美国自然历史博物馆的爬虫学家戴维·迪基（David Dickey）担任生物学科的家庭教师。一次全家去圣巴巴拉市度假，参观了水族馆，那里的一位博物学家向孩子们介绍了装饰蟹和号称西班牙舞者的橙黄色海蛞蝓。埃德温惊叹道："这就是我想要在万圣节扮成的角色。"

无论他有任何新兴趣，他的父母都会大力支持。因此，当埃德温一年级的音乐老师告诉他们，他们的儿子在直笛方面很有天赋时，他们就给他报了私教课程。他迅速升级为演奏长笛，并全身心地投入练习，安东受其影响，很快便开始学习单簧管。两兄弟展开友好的竞争，激励对方一步步取得更高的成就。埃德温在纽埃尔韦德音乐竞赛中拔得头筹，并参加了纽约爱乐乐团首席长笛手珍妮·巴克斯崔瑟（Jeanne Baxtresser）主讲的国际大师班。

即便在年少时，埃德温就清楚他在长笛方面的潜力仅仅受到其专注力的限制，这或许是无组织家庭教学的结果。任何人都能学会音节或琶音和弦，而真正做到精通则需要攻克像多路声音和颤舌吹法这样的技巧。

然而，在1999年夏末的一天，埃德温走进客厅，被电视屏幕上的画面牢牢抓住了：他的痴迷开始只是一种爱好，但很快就狂热不已，不久之后这个11岁的男孩便无暇再关注其他的事情。

***

在为一篇有关飞蝇钓物理学的文章做研究时，柯蒂斯观看了一段名为《奥维斯飞钓学校》（*The Orvis Fly Fishing*）的录像。在介绍绑制鳟鱼飞蝇的基本知识的片段中，一个拇指大小的鱼钩被固定在台虎钳口中，主持人在这个鱼钩上进行逐步演示。中途，他拿起一根从公鸡脖子上拔下来的普通颈羽。颈羽与所有其他的羽毛并无二致，也有细小的倒钩从羽毛的中轴（也称羽轴）上伸展出来。但当他用一种螺旋式缠绕法（这种技巧被称为“毛虫法”）将羽毛缠绕在蝇体上时，这些倒钩向四面八方张开，仿佛成百上千根小小的触须。用这种技巧处理过的公鸡羽毛能够浮在河面上：对水下饥饿的鱼来说，这些倒钩就像摆动的昆虫腿。

埃德温被迷住了，他抓起遥控器，将录像带倒了回去，一遍遍地观看这一片段，仿佛被这根普通羽毛的变形施了咒语。为了绑制一枚最简单的鳟鱼飞蝇，这位指导者使用了许多工具，它们看起来就好像是从维多利亚时代外科医生的医药包里散落出来的。有一轴轴的细线被固定在一个形似听诊器的工具（绕线器）的两个叉齿之间。为了在中途对羽毛纤维进行精细调整，有一种称作挑针的针状仪器。为了抓住细细的羽杆，他用了一把小小的羽毛夹。在教程的最后阶段，指导者使用节结钩利落地将线紧紧打了个结，节结钩是一种精美的仪器，形似拆开的回形针。

埃德温一贯喜爱钻研，于是跑到地下室去寻找材料。他找到了几个鱼钩，又翻遍抽屉找线，但能寻到的最接近的东西就是一把烟斗通条。很自然，周围没有公鸡颈羽，他便从妈妈的羽绒枕里抽出了几根羽毛，然后匆匆地跑回自己的房间，绑制他人生中的第一枚飞蝇。

在接下来的几个星期里，他用狂欢节珠子和铝箔绑制飞蝇，手头有什么就用什么绑，然后解开，重新再绑。但这些都与他在录像中看到的有天壤之别。柯蒂斯知道儿子因找不到合适的材料而烦恼，于是开车带他去唐纳德渔具服务公司，这是一家位于雷德胡克的飞钓商店，开车有半小时的路程。

唐·特拉弗（Don Traver）是一位倔脾气的七旬老人，看到商店里来了一个 11 岁的孩子，他并不感到高兴，因为店里摆着一排排托盘，里面装着精心排列的飞蝇。但这个彬彬有礼的男孩很快便赢得了他的欢心，他拿着入门所需的所有工具回到了收银处：一袋袋的颈羽、鱼钩、线、绕线器和绑钩台。

与当时大多数的家庭一样，里斯特家也没有互联网连接，因此，埃德温通过奥维斯录像和订阅《飞蝇绑制者》（*Fly Tyer*）杂志来学习基本技巧。他的弟弟安东也开始对此感兴趣，兄弟两人很快便请求得到正规的指导。2000 年，两兄弟开始定期在唐的渔具店上飞蝇绑制课程，他们在学习班上遇到了其他的绑制者，了解到未曾听过的羽毛和新技巧。鳟鱼飞蝇所需的材料并不是特别昂贵：一小撮麋鹿毛、几英寸的线和亮丝、一根绑在裸钩上的普通颈羽。这些材料总共需要大约 20 美分。

他们的第一位指导者是 75 岁的进化生物学教授乔治·胡珀（George Hooper）。他毕业于普林斯顿大学，是个昆虫生活习性方面的专家并且酷爱飞蝇钓。他绑制飞蝇时也像个生物学家，使用头戴式解剖放大镜和显微镜，用拉丁双名来称呼每种鱼，并从颜色众多的绒线中仔细挑选，来丰满飞蝇的躯干部分，在埃德温看来绒线的颜色有上万种。

在胡珀的指导下，埃德温绑制了一堆飞蝇，但他不知道怎样抛投，他甚至没有飞钓竿。他只是喜欢这种挑战，想将他在奥维斯录像和订阅的杂志中见过的飞蝇再现出来。

两兄弟初露锋芒，这令胡珀印象深刻，他鼓励两兄弟去参加飞蝇绑制比赛。此类比赛在全国和欧洲各地的飞钓大会上举行。在大会上，鱼钩制造商、专门的图书商、羽毛贩子、毛皮贩子、节目明星、绑制者聚在一起，出售自己的商品，炫耀自己的才能。比赛的形式很简单：参赛者必须在一组评委面前，连续 3 次绑制特定式样的飞蝇，评委会根据质量和一致性进行打分。

柯蒂斯和林恩总是愿意激发儿子们的热情，他们载着满怀热情的男孩和他们的装备，开车前往此类展会。在康涅狄格州丹伯里市举行的“垂钓者艺术大会”上，埃德温以惊人的速度在一小时之内绑出了 68 枚鳟鱼飞蝇，拔得头筹。在马萨诸塞州威明顿市举办的“东北部飞蝇绑制锦标赛”上，安东被指定绑制一枚“翅幼虫飞蝇”，这种飞蝇模仿的是水下一种形似蜈蚣的昆虫，在欧扎克地区被称为“恶魔抓痕”。他竭尽全力尝试再现这种可怕的飞蝇，但每次都以失败告终。这两个男孩在绑钩台前都是完美主义者，有一点不一致或不精确的地方，他们都会盯住不放。

埃德温正等待着裁判的裁决，而就在这时，他看见一个微光闪烁的东西，这使他的爱好发生扭曲，变成一种痴迷。过道里站满了飞蝇绑制者和羽毛交易者，兄弟俩在过道里闲逛，这时，埃德温的目光落在了展出的 68 只维多利亚式鲑鱼飞蝇上，这些数量众多的飞蝇都是按照乔治·凯尔森《鲑鱼飞蝇》一书中的 19 世纪方法精心绑制的。

埃德温从未见过与之类似的东西。它们像发散的五彩斑斓的光谱：蓝绿色、翠绿色、深红色和金色。与丑陋的黑褐色“恶魔抓痕”飞蝇相比，它们仿佛属于另一个世界。许多鳟鱼飞蝇只有半个便士大小，而鲑鱼飞蝇体形巨大，绑在一个 4 英寸长的乌黑色鱼钩上。埃德温在一分钟之内就能绑出一枚鳟鱼飞蝇，而绑一枚鲑鱼飞蝇则需要在绑钩台前忙碌10多个小时。

这些飞蝇的绑制者就站在旁边，看着两个男孩充满敬畏地观察每只飞蝇。他们小声交谈，而他尽量不去偷听，但当他听到两人低声谈论飞蝇的复杂构造时，他莞尔一笑。他们不是普通的孩子，而是飞蝇绑制者。

两兄弟就这样与爱德华·“马齐”·穆泽罗（Edward “Muzzy” Muzeroll）相遇了。马齐是一名船舶设计师，在位于缅因的巴斯钢铁厂的船厂负责设计“宙斯盾级”驱逐舰，大部分业余时间都在肯尼贝克河钓鳟鱼和鲑鱼。当天气太冷，无法钓鱼的时候，他就绑飞蝇，他是公认的维多利亚式鲑鱼飞蝇绑制大师。他的作品甚至还荣登了《飞蝇绑制者》杂志的精美封面。（配文的标题是：《用珍奇材料绑制飞蝇：避开恢恢法网》。）

裁判宣布两个男孩分别获得了各自竞赛类别的第一名，但埃德温对马齐的作品异常着迷，暗淡的鳟鱼飞蝇世界很快便无法吸引他的注意力。

埃德温请求父亲，安排马齐给他们上课。机缘巧合，马齐的家乡缅因州西德尼镇恰好是培养年轻音乐家的“新英格兰音乐训练营”的所在地。马齐同意教授两个男孩，埃德温开始倒计时，期盼能学会绑制他的第一枚鲑鱼飞蝇。

***

这天终于来了，柯蒂斯带着两个孩子去马齐那儿上第一堂鲑鱼飞蝇绑制课，埃德温穿了一件鲜红色的创意T恤，上面印着托托（Toto）桌子上的一张便条，托托是《绿野仙踪》（*The Wizard of Oz*）中的一只小狗，它在便条上写道：“亲爱的多萝西（Dorothy）：讨厌奥兹国，带上鞋子，找到自己回家的路！”他只有13岁，戴着椭圆形镜框的眼镜，一头短发向上梳着，但当马齐带着他穿过飞蝇工作室，走向一张专门绑制维多利亚式鲑鱼飞蝇的小桌子时，他仿若一个虔诚的朝圣者，静默沉思。

在绑钩台旁边，乔治·凯尔森的《鲑鱼飞蝇》一书被翻到了其中一种绑制方法。

达勒姆游侠

尾丝：银色和金色丝线

尾部：覆盖一层印度乌鸦毛

臀部：两圈黑色鸵鸟毛

躯干：两圈橙色丝线、两圈橙色海豹毛加黑色海豹毛

肋骨：银色饰带和银色亮丝

颈羽：绒线上仅覆盖一层红褐色的颈羽

喉部：浅蓝色的颈羽

翅膀：一对公原鸡的长羽毛，两侧各有两层羽翼，外层羽翼一直延伸到内层羽翼的阴影处，将其覆盖

面颊：鸫鹛

触须：蓝色金刚鹦鹉

头部：黑色细绒线

达勒姆游侠是19世纪40年代，由英国达勒姆郡的威廉·亨德森（William Henderson）先生发明的。这种飞蝇需要用到中国山林锦鸡的羽冠、南美洲红领果伞鸟（飞蝇绑制者称其为印度乌鸦）胸部的黑色和橙红色羽毛、南非鸵鸟缎带般的丝状羽毛及中美低地蓝鸫鹛的绿松石色的细小羽毛。这种飞蝇是19世纪中叶大英帝国的一幅剪影：所用的羽毛是由鸵鸟农

场主从开普殖民地船运而来，蓝鸫鹛和印度乌鸦取自英属圭亚那，而锦鸡则是在香港装箱运送的。

但那天上午，埃德温没有用珍稀的羽毛绑制飞蝇。马奇拿出了一系列取自猎鸟或种鸟的替代羽毛，或“替代品”。他们使用的是环颈雉鸡毛、染色的火鸡毛和更为常见的翠鸟毛，而不是稀有难寻的印度乌鸦或蓝鸫鹛羽毛。

在接下来的 8 小时里，马齐向两兄弟介绍了绑制维多利亚式飞蝇的神秘技巧，给他们讲布莱克、特拉赫恩（Traherne）和凯尔森的逸闻趣事，逗他们开心，这些人绑制出的飞蝇越发奢华，都力争要胜人一筹。

他谈到用“真正的”羽毛绑制飞蝇的神奇之处，而不应该用火鸡毛这样的替代品，因为火鸡羽毛上有圆形的羽茎，要想把它绑在鱼钩上而不打滑简直太难了。埃德温正用尖嘴夹将羽毛弄平整，而这时马齐则热情地谈论着用印度乌鸦毛绑制飞蝇是多么容易。

在其中一个步骤，埃德温戴上了一双白色丝手套，以防手上的油渍使飞蝇失去光泽。这一逝去时代的艺术形式似乎近在咫尺：他正与之亲密接触，用着相同类型的工具，遵循百年古书的规则。唯一改变的就是法律，这使凯尔森书中的羽毛令人沮丧地遥不可及。

两个男孩在绑制飞蝇时，马齐试着与他们闲聊，但能看到他们正全神贯注于尚未完成的“达勒姆游侠”。他们会查看对方的作品，提出表扬或批评，然后就又一技术性问题向马齐发问。当马齐问他们在家有什么消遣活动时，他们的回答并没有令他感到惊讶：他们绑制飞蝇。

他们绑的是“男爵”，这种飞蝇因适用于挪威的河流而得到凯尔森的称赞。最初的方法需要来自世界各地的 12 种不同鸟类的羽毛：鸵鸟、孔雀、印度乌鸦、蓝鸫鹛、天鹅、夏鸭、松鸦、金刚鹦鹉、锦鸡和公原鸡羽毛。

《鲑鱼飞蝇绑制指南》(*How to Dress Salmon Flies*)是一本维多利亚时代的飞蝇绑制大全，出版于 1914 年。在书中，T.E. 普赖斯・坦纳特(T.E.Pryce Tannatt)鼓励有志的飞蝇绑制者从狩猎当地鸟类的朋友处，获取鸭子和山鹑皮，但当谈到如何弄到巴西蓝鸫鹛皮时，这位英国人也没有什么切实可行的建议，只是说：“我只希望我拥有这样一个朋友！”

当然，1918 年的《候鸟协定法案》规定，购买冠蓝鸦等十分常见的鸟类羽毛也是违法的。即使有一只冠蓝鸦从天而降，奄奄一息地落在埃德温脚边，他也会因捡走它而被罚款。

在接受了 16 小时的指导后，埃德温绑出了人生中最初的两枚鲑鱼飞蝇。在他们要上车准备开回家之前，马齐走到埃德温跟前，塞给他一个小信封，并低声对他说：“这才是奥秘之所在。”埃德温打开信封，发现一个小小的密封塑料袋，里面装着价值 250 美元的印度乌鸦和蓝鸫鹛羽毛，这足够绑制两枚飞蝇。这些羽毛虽然合法但十分稀有，对于一个 13 岁的孩子来说，简直贵得令人却步。

“现在不要用它们绑——等到你准备好了才行，”他对这个吃惊的男孩说，“你必须一步步努力，才能使用这些东西。”

回到克拉弗拉克，埃德温和弟弟占用了车库，将其改造成一个维多利亚式鲑鱼飞蝇实验室。他们在马齐奠定的基础上，不断钻研，并称自己为“飞蝇男孩”。

用替代品绑制，他们得煮、蒸、涂油、黏合、弯曲、扭转、卷曲、剥离、修剪并揉搓羽毛纤维使之成形。遇到难题时，他们会给导师打电话，或反复进行实验直到解决为止。当蜡用光了，埃德温便拿着电钻走到院子里，在松树上钻个洞，收集流出来的树液。

他学会了如何用烧灼器把多余的绒毛烧掉。烧灼器坏了，他就用喷灯把形似锥子的挑针烧得通红，烧掉多余的羽毛纤维。

学习之路跌宕起伏。有时，伏在绑钩台上数个小时后，埃德温的手指会打滑，导致飞蝇散开。也有一些灾难性的事件发生，比如，有一次爸爸打开了车库里的吊扇，无意中引发了一场龙卷风，将已经排列好的羽毛吹得四散。

埃德温锲而不舍地追求自己的爱好，试图将他在《飞蝇绑制者》杂志及凯尔森和布莱克书中看到的飞蝇都再现出来。当他的技艺足够纯熟时，他便效仿大师，发明自己的飞蝇，给它们起“怪物飞蝇”和“埃德温奇想”这样的名字。当地记者来采访，要写篇关于“飞蝇男孩”的介绍，埃德温的妈妈告诉这位记者：“如果我们不管他们，他们会在那儿待上一整天，但我和丈夫会不时强迫他们进来吃饭。”

那年秋天，埃德温被附近的哥伦比亚 - 格林社区学院提前录取。这个13 岁的男孩打算学习艺术。

但埃德温绑制飞蝇的艺术追求遇到了阻碍，事实就是他没有“真正的”羽毛。在几近残忍的反复练习后，埃德温已逐渐掌握了绑制维多利亚式飞蝇的技巧，但他时常感到沮丧。在外行人看来，他的作品和凯尔森的不差分毫，但在他自己看来，它们都是次品，是由火鸡和野鸡等替代品绑制的。

当他最终能上网时，他才意识到自己不是唯一痴迷于此项活动的人。

***

经典飞蝇绑制网站（ClassicFlyTying.com）是最大的维多利亚式飞蝇

绑制者的网上论坛，其中一位会员在帖子中写道：“用古老材料绑制的飞蝇有某种魔力。”该网站的管理员巴德·吉德里（Bud Guidry）迅速做出了回应。他写道：“我见识过这种‘魔力’。如今，它仍在我的脑海中挥之不去。”吉德里是卡津人，以捕虾为生，来自新奥尔良南部的河口小镇加利亚诺。这“就像毒品，一切都不再重要，一切都无法与之相提并论……当我的手指触碰到它时，我嗅到了历史。我被带回往昔，那时，鱼跟木头一样大，刚从海里捞出来……红色、黄色、深浅浓淡的蓝色。它们的质地和颜色有种力量，能促使你竭尽全力，这种力量无可比拟”。

但只有富有的绑制者才有机会体验这种“魔力”，他们才能买得起原始方法中提到的鸟类羽毛，相较凯尔森生活的时代，这些羽毛如今更加昂贵难寻。他们知道飞蝇是一种身份的象征，于是将它们展示在玩物丧志的照片中：有人将一枚“乔克·斯科特”飞蝇（这种飞蝇是用犀鸟、大鸨、金刚鹦鹉、印度乌鸦等 15 种不同的鸟类绑制的）钩在一瓶 20 年单一麦芽威士忌的软木塞上，旁边还摆着一个雕花的水晶玻璃杯。这种照片的背景通常是一堆堆价值连城的羽毛、整张的珍稀鸟皮或者一块块北极熊和猴子的皮毛，这是在向维多利亚时代的奢靡生活致敬。

埃德温迫切渴望达到这种绑制水准。在马齐的介绍下，他联系上了一位奇异鸟类羽毛交易的核心人物。他叫约翰·麦克莱恩（John McLain），来自底特律，是一个头发花白、烟不离手的退休侦探。他经营一个名为羽毛麦克（FeatherMc.com）的网站。麦克莱恩在网站上宣称：“如果你要绑出好飞蝇，你就必须有好材料。”几乎各种羽毛在这个网站都应有尽有。

埃德温只是一个 14 岁的学生，对他来说，这些羽毛的价格就是天文数字。大眼斑雉（Argus Pheasant）是一种近危鸟类，活动于马来半岛的低地山林中。这种鸟备受飞蝇绑制者的青睐，因为其长达 30 英寸的翎羽上有被称作眼孔斑的橄榄色眼状斑点。林尼厄斯（Linnaeus）用希腊神话中从不睡觉的百眼巨人阿耳戈斯·潘诺普忒斯（Argus Panoptes）的名字为这一物种命名。麦克莱恩以每英寸 6.95 美元的价格出售这种羽毛，这使得每根羽毛的价格高达 200 多美元。

10 根蓝鹟鹛羽毛的售价为 59.99 美元。10 根印度乌鸦羽毛的售价 99.95 美元，每根羽毛只有指甲大小，并且每位顾客限购一包，以“确保每个想买真品的人都能买得到”。

怀揣着拥有大眼斑雉的梦想，埃德温投入工作，在他家屋后齐腰深的蕨类植物中跋涉，为邻居们拾柴火，邻居们每小时付给他几美元，让他将松木放入木材分割机。当麦克莱恩接到一个十几岁孩子的电话，说他想买价值几百美元的大眼斑雉羽毛和其他羽毛时，这位退休侦探起了疑心。他问道：“你的父母知道你正在给我打电话吗？”埃德温让他的妈妈接过了电话。

当最终收到羽毛时，埃德温小心翼翼地摆弄着它们。为了这些羽毛，他工作得如此辛苦，他现在甚至不舍得修剪它们：这就好像在一块价值连城的大理石板上学习雕刻。

随着麦克莱恩对埃德温了解的加深，他很快意识到这个男孩对羽毛的渴望远远超过了他的能力范围。因此，他开始传授自己寻得羽毛的一些方法。埃德温找到一位退休的鸟类学教授，他愿意以便宜的价格出售整张鸟皮。他给布朗克斯动物园打电话，动物园给他寄来了园中金刚鹦鹉、篦鹭、角雉的秋季换羽和他们收藏的其他鸟类羽毛。经过长时间交涉，他从各物种保护协会得到了一些灰颈鹭鸨和犀鸟的羽毛。

为了得到奇异鸟类，他搜遍了易贝网——在早期的拍卖网站上，偶尔有不大了解每种鸟类珍稀程度的卖家发帖出售古老的鸟类标本，但它们通常被出价更高的有钱成年人买走。有时，像蓝鹟鹛这样的珍稀鸟类会被刊登出售，飞蝇绑制者们就会联合财力拍得这些鸟，然后再瓜分战利品。还有一些人会出价购买年代久远的鲑鱼飞蝇，只是为了将其拆开，得到羽毛。人人都在搜寻维多利亚时代的帽子，但它们极少出现在拍卖网站上。当知名的飞蝇绑制者去世时，社区成员会公开表示哀悼，而私下会对他留下的羽毛下手。

情况永远是供不应求。麦克莱恩售出了很多珍贵的羽毛，但最受青睐的蓝鹟鹛、印度乌鸦、凤尾绿咬鹃和天堂鸟的羽毛长期缺乏。经典飞蝇绑制网站上大多数的帖子都是由痴迷于寻找羽毛的绑制者发的：有些帖子读起来就像忏悔，用最渴望的语调承认自己觊觎这些鸟类。印度乌鸦、蓝鹟鹛和凤尾绿咬鹃位列榜首。

这是一个卖方市场，任何一个发现珍稀鸟类货源的人都必定能在短时间内赚大钱。

***

随着埃德温在论坛社区崭露头角，一些飞蝇绑制高手会偶尔寄给他几根羽毛，帮他完成某个飞蝇的绑制。其中一名高手是吕克·库蒂里耶（Luc Couturier），他是法裔加拿大人，因其风格奢华的飞蝇而闻名。2001 年，他因绑制了全部 28 枚特拉赫恩飞蝇而一举成名，这种飞蝇是以 19 世纪一位英国军人的名字命名的，众人认为他的飞蝇是这种艺术形式的巅峰之作。凯尔森也宣称他是“一位巧夺天工的大师……没有人能像特拉赫恩少校一样，如此耐心地去装饰一枚飞蝇”。其中一只名为“鹟鹛”的飞蝇竟然需要多达 150 至 200 根蓝鹟鹛羽毛——要弄到这么多羽毛，得花费近 2000 美元。

库蒂里耶极力倡导让鲑鱼飞蝇达到新的美学高度，不再墨守成规，盲从 19 世纪的方法。他开创了他所谓的“主题飞蝇”，其灵感源于对某些特定鸟类物种的仔细研究：主要是印度乌鸦、蓝鹎鹛和天堂鸟。

当埃德温第一次看到库蒂里耶绑制的“舞雀飞蝇”（以印度乌鸦的舞雀亚种命名的）时，他以为那是一幅画。埃德温曾将这枚飞蝇描述为“邪恶的飞蛾”，它上面绑满了珍贵的羽毛，其中包括秃鹫尾部的羽毛。埃德温无意中看到了库蒂里耶为纪念小天堂鸟而绑制的“小天堂鸟飞蝇”，便紧张地试着联系这位居住在魁北克的高手，希望得到他的指导。

当收到库蒂里耶的回复时，埃德温觉得收件箱里仿佛有米开朗基罗（Michelangelo）或达·芬奇（Da Vinci）发来的消息。他们开始通信，每天要写几封电子邮件，埃德温汲取着他的秘诀。库蒂里耶给他寄去珍稀的羽毛和特殊的鱼钩，甚至还为埃德温和他的弟弟专门设计了一款飞蝇。

罗恩·卢卡斯（Ronn Lucas）是一位久负盛名的鱼钩制造商，2007 年，埃德温为罗恩·卢卡斯的网站撰写了一篇文章，他在文章中写道：“绑制飞蝇不仅是一种爱好，也是一种痴迷，我们似乎投入了大量的时间去研究羽毛结构、设计飞蝇和想出新的技巧，以使飞蝇与我们的预期效果不差分毫。”

埃德温省吃俭用，以积攒足够的材料，创作出这样一件作品。这件编号为“纪念布莱克”的作品是为了向这一艺术形式的鼻祖威廉·布莱克致敬。这枚飞蝇上使用了印度乌鸦、金头绿咬鹃、火红辉亭鸟、华美天堂鸟及蓝鹎鹛的羽毛。当他在论坛上发布了这枚飞蝇的照片时，整个社区都惊呆了。“天哪，埃德温！”一位绑制者回复道，“这枚飞蝇上所用的材料只有丝线、亮丝和 GP 羽冠不在《濒危野生动植物种国际贸易公约》上！”（这里的 GP

指的是锦鸡）“你和安东是碰巧住在鸟舍里了吗？这至少可以解释为什么你们那么年轻却能弄到这么多珍稀奇异的羽毛！”

***

即使埃德温的爱好变成了一种痴迷，他的生活中也还有其他的事情要做。他每周都要去纽约市上长笛课，参加演出。他已经加入了纽约青年交响乐团、室内乐团、作曲项目及纽约校际管弦乐团。

16 岁时，埃德温成了美国自然历史博物馆的常客。他从前的生物学家庭教师戴维·迪基为他在爬行动物部谋得了一个实习生职位。他得到一张进入后勤部门的门卡，并学会了处理馆藏爬虫和两栖动物骨架的程序。它们被储存在上锁的房间里并且还有安全摄像头监控。

大约就在这段时间，埃德温的父母正在为如何利用克拉弗拉克的闲置土地而争论不休。林恩本想种一个草药园，而柯蒂斯认为养美洲野牛会很有趣。国会在 1884 年决定授权军队保护最后几百头野牛，防止其被偷猎者猎杀，这才使它们摆脱灭绝的命运。他们最后决定养不易引起过敏的拉布拉多贵宾犬，这是一种由拉布拉多犬和贵宾狗杂交产下的混种犬，一只幼犬可以卖到几千美元。埃德温也为刚命名的赫德森犬业出了一份力，担任公司的网站管理员。

但只要有空闲时间，他就会回到车库绑制飞蝇。他现在开始在论坛社区里教授其他人技巧，他分享了 20 页的制作指南，逐步进行讲解，并配有特写照片，他还在经典飞蝇绑制网站上进行评论。他写评论时，就像一个自信健谈的烹饪节目主持人。他在一张照片中指出这只“飞蝇看起来有点无精打采”，但也指出装饰飞蝇时，我们“非常容易过度摩擦或折断一根羽毛”。绑制者对他充满感激，他回答着他们的问题，并愉快地分享自己的诀窍。

在初见马齐的鲑鱼飞蝇的几年后，埃德温和弟弟加入了由一小群人组成的飞蝇高手兄弟会。2005 年年初，《飞蝇绑制者》杂志的编辑戴维·克劳斯迈尔（David Klausmeyer）宣布他们正式荣升为成员："他们是两位非常出色的年轻绅士，你们会很乐意见见他们，他们证明了飞蝇绑制的未来掌握在优秀之人的手中。"

但埃德温从未将成为高手视作终点。作为一名艺术家，他认为，对于任何一种技巧而言，做到完美都是诅咒：绑制飞蝇是对完美无止境的追求。有时，他发挥得异常出色，有时，却会犯他认为自己早已不会犯的错误。他带着一种谦卑的、苦行僧般的态度投入这种艺术形式。在麦克莱恩网站上，马齐在一篇介绍埃德温和安东的文章中写道："他们需要记住的就是，他们进入了一所永远也无法毕业的学校。"

与库蒂里耶一样，埃德温也试图取得超越性的成就。绑制飞蝇已不再是将火鸡毛系在鱼钩上，而已经成为一种更深层次的追求。他对约翰·麦克莱恩说："我有一个不成熟的想法，想用每一种伞鸟和乌鸦绑制一系列的飞蝇，但现在可能不太现实。"他这里指的是 5 个印度乌鸦亚种和 7 个伞鸟亚种，其中的蓝鹈鹛已列入濒危物种名单。

尽管练习长笛是首要任务，但那些他尚未绑制的维多利亚飞蝇式样如幽灵一般浮现在他的脑海里，不停地向他召唤。他将"飞蝇绑制的未来"这一称号当作一种责任，督促自己更加努力奋进，但他爬得越高，就越难脱颖而出。库蒂里耶已经绑制了全部 28 枚特拉赫恩飞蝇。另一位高手马尔温·诺尔蒂（Marvin Nolte）花费数年时间为怀俄明州的一位私人收藏家绑制了 342 只飞蝇。布莱克的《垂钓艺术》一书中有几十种绑制方法，而凯尔森所著的《鲑鱼飞蝇》一书中有将近 300 种绑法。以他目前的速度来看，要绑出所有样式的飞蝇，他要花上 100 年的时间才能找到足够的羽毛。

***

2006 年，埃德温 16 岁，在哥伦比亚 - 格林社区学院获得了艺术副学士学位，并荣列校长嘉许名单。

埃德温立志成为一名职业音乐家，他申请了纽约市的朱利亚德音乐学院和伦敦的皇家音乐学院。这两所学校均在全球竞争最激烈的音乐学府之列，每年只招收为数不多的长笛手。他梦想成为柏林爱乐乐团的首席长笛手：这或许是最令人觊觎的位置，但他知道必须赢得最佳，否则一切追求都毫无意义。

安东也紧随哥哥的步伐，13 岁时，进入哥伦比亚 - 格林社区学院，立志成为一名单簧管演奏家。

2007 年春天，埃德温被伦敦皇家音乐学院录取。他的住所将紧挨着摄政公园的南面。摄政公园是伦敦动物园的所在地，华莱士从马来西亚带回的第一只活的天堂鸟就曾生活在这里。

突然间，柏林爱乐乐团看起来不再是个荒诞不经的目标。那年夏天，当他收拾行李的时候，他决定留下绑制飞蝇的材料和羽毛收藏。他担心英国的海关关员可能会没收这些东西，但更重要的是他要去伦敦学习长笛，而不是去绑飞蝇。他需要心无旁骛。

出发前夕，他收到了一封来自吕克·库蒂里耶的电子邮件，告诉他英国有一个神奇的地方，他必须得去看看，并附上了一些照片，上面是大英自然历史博物馆中一个个装满鸟的抽屉。

II
特林自然
历史博物馆劫案
THE TRING HEIST

他走到了装有王天堂鸟的柜子前。华莱士描述了他在阿鲁森林里收集到的这种鸟类标本，而其中的10只现在就摆在埃德温触手可及的地方。正如描述的一样，这种鸟的“头部、喉部和整个上半身都是浓重、富有光泽的深红色，前额逐渐变为橙红色……在某种光线下，闪出金属或玻璃般的光泽”。

7
伦敦无羽毛

2007 年秋天，埃德温・里斯特开始了他在皇家音乐学院的学习。为了进入这所梦寐以求的学校，他花了 10 年的心血学习长笛——无休止的私教课、排演和练习。该校的校友都入选了最好的管弦乐团，或像埃尔顿・约翰（Elton John）一样，成为流行巨星。

埃德温的日程排得很满，在上课和练习之余，他还要参加无数的客座讲座，观看众多知名音乐家的表演。从远离众人的家庭学校过渡到大城市的大学生活，他没有经历太多不适。他对成就非凡的音乐家并不陌生，交友也没有什么困难。他本能地知道，与每个人融洽相处是多么重要，因为大家要在一起合作表演。

但在到达伦敦仅仅 4 周后，他的另一项爱好就再次占据了他的心，而他本打算在学习期间将其抛诸脑后。

2007 年 10 月 10 日，埃德温登录经典飞蝇绑制网站，看是否有人愿意在即将到来的英国国际飞蝇博览会（BFFI）上，分担酒店房间的费用。该博览会在距伦敦以北数百公里的特林塔姆花园的高档庄园中举行。英国国际飞蝇博览会与他在美国经常参加的展会相似，也会举办几十场的飞蝇绑制表演，同时还有大约 80 个摆满羽毛、丝线、绑钩台和鱼钩的展位。

埃德温写道："很遗憾，我不能在展会上绑制飞蝇（海关不喜欢我的小鸟包……），他指的是他多年来费尽心力收集的羽毛，但我仍然想见见那些熟悉的面孔。"一位论坛成员提醒他，博览会距《钓客清话》的作者艾萨克·沃尔顿的渔屋只有 1 小时的路程，这座渔屋于 1671 年在达夫河岸建成。

他花在绑制飞蝇上的时间和花在演奏长笛上的时间不相上下，而他现在身处的这片土地，正是他所钟爱的这种艺术形式的孕育之地，但他没有任何羽毛和材料。似乎是为了在他的伤口撒盐，当他动身去特林塔姆花园时，火车晚点了 8 小时，他错过了英国国际飞蝇博览会。

开学两个月后，埃德温参观了位于南肯辛顿的自然历史博物馆，拍摄了展出的标本和古董：一个个罩子里面装满了天堂鸟标本、蓝宝石和钻石。在哺乳动物展厅，巨大的鲸鱼骨架旁摆放着一具美国乳齿象骨架，这不是来自他家乡的"未知者"，而是 19 世纪 40 年代从密苏里州的泉水中挖出的猛犸象亚种。埃德温回到宿舍，将参观照片上传到脸书网，其中包括火红辉亭鸟和乌黑光亮的六羽天堂鸟的照片。但吕克·库蒂里耶口中那蔚为壮观的收藏，那储存着数十万只鸟的巨大藏室，至今不见踪影，远离公众视野。

2008 年 1 月，埃德温收到邀请，让他去布里斯托飞蝇绑制协会展示他娴熟的技艺。他迫不及待地抓住这次机会。接待他的是一个名为"特里（Terry）"的著名英国飞蝇绑制者，他问埃德温想绑制哪种飞蝇。埃德温说了几种凯尔森的《鲑鱼飞蝇》一书中的绑制方法，但他强调他没有任何材料。

在表演前的一个月，特里就像列购物清单一样，记下了绑制“史蒂文森飞蝇”所需的材料。埃德温的要求非常具体：捻好的蚕肠线、极细的白线、6 号鱼钩、拉戈顿丝线。特里答应让他在自己的布里斯托公寓住上几天，并问他喜欢吃什么食物，埃德温回答：“我什么都吃（只要不是恶心的东西，像麦当劳一样），而且我食量很大……毕竟我还是个学生，总是觉得饿的那种。”

埃德温继续说道：“我正想办法，下学期怎样才能把材料从家里带过来。不能绑飞蝇的日子相当煎熬，但昂贵的羽毛被海关没收会更糟糕。”

要想在英格兰绑制飞蝇，埃德温需要从零开始，重新收集材料。他徒劳地在伦敦的古董店里四处搜寻维多利亚时代的帽子和装有鸟的自然历史收藏柜。有几次，他发现了鸟皮拍卖会，那是新近去世的贵族留下的遗产，但这些东西远远超出了一个学生的预算。

在音乐学院期间，他向 YouTube（美国视频网站）上传视频的账户名是凤尾埃德温，这或许反映了他内心的渴望。任何想绑制出“幽灵飞蝇”或“惠特利 1849 年 8 号飞蝇”等珍品的人都对翠绿色的凤嘴绿咬鹃羽毛青睐有加。这些飞蝇还需要王天堂鸟的羽毛，但这种羽毛很少在市面上见到。凤嘴绿咬鹃濒临灭绝，已被列入《濒危野生动植物种国际贸易公约》的附录一，因此，要拥有其羽毛已绝无可能。

他寻找羽毛的最初努力以失败告终，他发现自己的思绪屡次回到吕克·库蒂里耶发给他的电子邮件，他决定去看看世界上最了不起的收藏。

根据自然历史博物馆网站上的信息，该博物馆的鸟类收藏包括 70 万张鸟皮、1.5 万具骨架、1.7 万件浸在酒精中的标本（整个鸟泡在大罐子中）、4000 个鸟窝及 40 万组鸟蛋。仅是存放浸在酒精中的鸟就需要长达 2000 多米的架子。保存在这里的标本占世界已知物种的 95%。其中的许多标本是在大英博物馆于 1753 年建立之前收集的。

埃德温点击进入“访问馆藏”页面，看到研究者和艺术家们可以通过提前预约进行参观。如果他说自己是一个飞蝇绑制者，十分渴望看到这些奇异鸟类，他怀疑他们是否能允许他进入。他斟酌着各种选择。他一直想效仿凯尔森，写一本书，与下一代绑制者分享自己的知识技能：或许他能以书中需要精美标本照片的名义申请进入。但特林博物馆不会允许没有任何写作经历的人入内，尤其是一个连出版商都没有的人。

最终，他想到一个解决办法：以研究的名义写申请。在埃德温计划去“布里斯托飞蝇绑制协会”绑制飞蝇的 4 天前，也就是 2008 年 2 月 9 日，他用自己的名字给博物馆写了一封邮件，说自己有一位在牛津大学读书的朋友，正在写一篇有关天堂鸟的论文，拜托自己替他照一些高清晰度的照片。

作为安全规程的一部分，博物馆要求埃德温提供那位牛津学生的电子邮件地址，以核实他的请求。埃德温用朋友的名字创建了一个假的电子邮件账户。博物馆发送核实邮件时，实际上收信的是埃德温。获得许可后，他定于 3 月的一天去拍摄艾尔弗雷德·拉塞尔·华莱士收集的天堂鸟。

在布里斯托表演的前一天，埃德温和特里顺路去了离市中心的布罗德米德购物广场不远的维尔渔具店。埃德温买了一对松鸦翅膀，这在英国很容易买到，但在美国禁止出售。在城镇的另一边，小白鹭正在布里斯托公园里被称为“艾尔弗雷德·拉塞尔·华莱士鸟舍”的露天区域内振翅飞过。这种鸟曾因女帽贸易而卖出数百万只。

那天晚上，他们在特里家练习了一阵，这样埃德温就不会觉得生疏。但他们完全没有必要担心：第二天晚上，他绑制了一枚“史蒂文森飞蝇”，这令特里的飞蝇绑制协会的朋友们赞叹不已。飞蝇的身体是用染成亮橙色的海豹毛皮制成的，上面缠着银色亮线。翅膀是用尖部为黑色的橙色锦鸡羽毛包裹一对夹杂着黑色和橙色的乳白色公原鸡羽毛绑制的。这种式样与他在马齐的指导下绑制的第一枚鲑鱼飞蝇“达勒姆游侠”非常相似。与马齐一样，特里为埃德温的示范表演提供的是取自普通鸟类的替代羽毛。

特里曾在论坛上见过埃德温绑制的飞蝇，但当他亲眼观看这位 18 岁的少年现场展示才艺时，他被彻底征服了。特里给全国飞蝇协会的主席写了一封短信，对埃德温大加赞赏，“他是我至今为止见过的最棒的鲑鱼飞蝇绑制者。他的水准可能位列世界前五，在场的人都惊叹不已”。他还力劝主席让埃德温去尽可能多的分会进行示范表演，飞蝇绑制协会在全英国有十几个分会。

埃德温一回到音乐学院的宿舍，就迅速给特里写了一封感谢信。他补充道：“我期望能够再次参与活动，但愿那时我能有自己的装备和材料，能够上演一场真正的表演。”

那天，他按照约定去拍摄天堂鸟，他再次来到伦敦自然历史博物馆的南肯辛顿园区。负责鸟皮收藏的研究员告诉他穿过停车场，走到位于公众展馆后的鸟类大楼，按下门上的蜂鸣器。他在停车场徘徊，寻找入口，他手拿高端数码单反相机，难掩心中的兴奋。

一位保安看到了他，主动提供帮助。当听说埃德温预约来参观鸟类收藏时，保安笑了笑，告诉他找错了分馆，来错了城市。这些鸟皮已经运离伦敦几十年了。

埃德温尴尬地回到宿舍，开始研究去特林小镇的路线。

特林博物馆的公共展馆是典型的维多利亚式建筑：陡峭的斜屋顶、红色的砖墙、高耸的尖形山墙，还有烟囱和天窗。孩子们在附近的公园里玩耍，父母们则在博物馆入口附近的斑马咖啡馆小憩恢复体力。与公共展馆形成鲜明对比的是这座存有世界上最大规模鸟类收藏的建筑，一座 4 层的野兽派混凝土建筑，隐现于博物馆建筑群的一角。

2008 年 11 月 5 日，埃德温跨入了鸟类楼的正门。一位站在柜台后面的保安接待了他，并要求他出示身份证。保安给工作人员办公室打电话，告知有人来访，而这时埃德温在访客登记簿上签下了自己的名字。

一位工作人员引导他到鸟类储藏室，在这里，博物馆的数十万张鸟皮被小心地存放在 1500 个白色钢制柜子中。这些柜子占地数万平方英尺，分布在几层楼里。空气中弥漫着樟脑丸的味道，樟脑丸是用来保护标本免受昆虫的侵害。为了防止紫外线的伤害，窗户造得很窄，只有微弱的光线透进来。

工作人员将来访者引导至标有“天堂鸟科，天堂鸟”的柜子前。在离开前，他提到了许多其他鸟类的存放位置，他认为这位拍摄者或许会感兴趣，他指了指房间角落里的一位同事，对埃德温说：“如果你拍摄完了就通知他。”

埃德温打开了柜门。里面有一排排的抽屉，每个柜子里大约有 24 个抽屉。他慢慢地拉开一个抽屉，里面露出 12 只成年雄性丽色天堂鸟，它们都腹部朝上摆放着。他将颤抖的手从抽屉拉手上移开。他从没见过整张鸟皮，更不用说十几张了。这些鸟大约有 1 英尺长，身上长着深黑色的羽毛，胸部有一块显眼的、有金属光泽的蓝绿色羽毛，在适宜的光线下会变为紫色。鸟的眼部用棉花填充，腿上挂着生物数据标签，记录着高度、纬度、经度、捕获日期和收集者的名字，有几个标签上有艾尔弗雷德·拉塞尔·华莱士褪色的笔迹。

下层的抽屉里还有一打丽色天堂鸟，再下层也是如此，这些鸟都保存完好。丽色天堂鸟的羽毛很少在经典飞蝇网站上出售，一旦有人售卖，其稀缺性也使之越发昂贵。2008 年，10 根丽色天堂鸟的胸部羽毛在论坛上以 50 美元的价格售出。每只丽色天堂鸟的胸部有 500 多根羽毛，那么一张鸟皮的价格便可高达 2500 美元。单单是他打开的第一个柜子的抽屉里就摆着价值数万美元的鸟，它们像一块块闪闪发光的轻质金砖。一排排的柜子似乎沿着走廊延伸了好几英里。

身处特林博物馆仿若置身诺克斯堡金库，那是个存放着几个世纪开采成果的宝库，美国的黄金白银就储存在那里。在某种程度上，其价值是难以估量的。

埃德温一镇定下来，就从抽屉里小心翼翼地拿出一只鸟，放在研究台上，照了张照片。在将鸟放回去后，他还偷拍了一张柜子的照片。

他走到了装有王天堂鸟的柜子前。华莱士描述了他在阿鲁森林里收集到的这种鸟类标本，而其中的 10 只现在就摆在埃德温触手可及的地方。正如描述的一样，这种鸟的“头部、喉部和整个上半身都是浓重、富有光泽的深红色，前额逐渐变为橙红色……在某种光线下，闪出金属或玻璃般的光泽”。

埃德温拍下了他最爱的标本，又拍下了走廊里的一个个柜子，里面装着全部 39 种天堂鸟的数百张鸟皮。然后，他走向南美伞鸟科馆藏，其中包括众人垂涎的印度乌鸦和蓝鹈鹛。

埃德温挑选了一个标本进行拍摄，这只蓝鹈鹛的娇小的蓝绿色身体在他手中闪着微光。大多数出售的蓝鹈鹛皮毛都残缺不全，上面的羽毛已经被一代代的绑制者挑选拔下。10 根一组的蓝鹈鹛羽毛可以卖到 50 美元。这里有几十个完美无瑕、无人染指的标本，每个标本至少可以卖到 2000 美元。

他每照一种新物种，就会同时拍下其存放位置。他相机的储存卡里慢慢存入了一张储藏室的视觉地图。

埃德温的思维已经超越了单纯的金钱层面，已从思考特林博物馆里鸟类的现金价值转向其所代表的创作潜力。从 5 年前，他开始绑制第一枚维多利亚式飞蝇之时起，他在绑钩台前对完美的追求便可定义为挣扎。他看着富有的绑制者在拍卖中以更高的价格拍得奇异鸟，而他只能用勉强应付的替代品尽力绑制。尽管他在论坛社区里声名鹊起，但还有许多种他尚未绑制过的飞蝇，特别是他的导师吕克·库蒂里耶用贵得离谱的羽毛绑制的“主题飞蝇”。

此刻，在这看似无尽的鸟类资源中穿行，就仿佛在埃德温的想象中让一条溢满创作可能的河流再次奔流。他可以绑制任何一种飞蝇。他好像穿越回 150 年前，凯尔森和布莱克生活的时代，那时船只仍然满载着一箱箱奇异的鸟类。

他有两小时的时间在无人监管的情况下随意拍照。他知道库蒂里耶曾参观过这间屋子，或许世界上为数不多的其他鲑鱼飞蝇绑制者也曾经来过这里。能吹嘘自己曾经来过这里就是一种成就。

但从他走出这里，再见明亮日光的那一刻起，他就知道他必须想办法重返此地。

8
博物馆入侵计划

埃德温朝火车站走去，状态已然改变，刚才看到的鸟仿若具有磁力，牢牢吸引着他。他必须想办法再次见到它们。

这并不容易，他在朝着伦敦疾驰而去的火车上思考着。他编造了虚假的理由得以进入，但博物馆不可能被同一个诡计再次蒙骗。他签的是自己的真实姓名，所以他不能以另一种身份再次进入——已经有太多的工作人员见过他。

几个月来，他一直思考着如何再次进入特林博物馆。起初，这是一种游戏。在他耐着性子听完整节课，或练习合奏表演时，这种想法会占据他的头脑。但随着他在这种思维实验中越陷越深，他意识到这不仅是关于再一次见到那些鸟，而是要把它们据为己有。

如果他能拥有那些鸟，他的余生将尽享无人能及的羽毛储备。在一个追求难以获得之物的圈子里，他将是王者，他绑制的饰羽奢华的飞蝇将令其他人望尘莫及。更妙的是，他希望创作一本关于飞蝇绑制的书籍，而这些飞蝇将出现在此书中，这会令他青史留名，与凯尔森比肩而立。

但他渴望占有这些鸟，这既出于痴迷，也出于现实原因。2008 年全球金融危机给里斯特一家的犬类饲养生意——赫德森犬业——沉重一击，几乎断了其客源。在萧条期，一条 5000 美元的狗是不必要的奢侈品。埃德温不时地从助学贷款中拿出一点钱寄回家，但他清楚这只是杯水车薪。

与此同时，距管弦乐团试演也只有一年左右的时间。正如绑制者都想使用昂贵的羽毛一样，长笛手也都渴望用最稀有金属制成的长笛进行表演。花

50 美元就能买到一支镍银长笛，但随着金属越来越稀有，从纯银、12K 黄金、24K 黄金到铂金，笛子的价格一路飙升，一支铂金长笛的价格高达 7 万美元。尽管多项研究表明，专家听不出它们之间有何不同，而他也将在幕布后面进行试演，但埃德温还是想要买一支价值 2 万美元的黄金长笛。这大约相当于 4 只印度乌鸦在论坛上的售价。

20 岁时，从特林博物馆里偷鸟的念头预示着无限可能——能使他向成为长笛演奏家的理想迈进一步；能带给他梦寐以求的生活和地位；能供养他的家人。更重要的是，这些鸟能帮他应对未来的困境：它们的价值只会随着时间的推移而不断增加。

他问自己，特林博物馆究竟为什么需要这么多鸟呢？将几十种相同种类的鸟皮保存起来到底有什么用呢？拥有如此庞大的收藏，即使少了几只，他们甚至都不会注意到吧？

他想，或许如果他能说服研究员让他再次进入楼内，他可以偷偷将几只鸟放进口袋里。要将蓝鸫鹛这类鸟放在口袋里很容易，因为它们只有 6 英寸长，0.1 磅重——一个高尔夫球的重量。但印度乌鸦有 1.5 英尺长，而凤嘴绿咬鹃长达 3.5 英尺。他怎样才能将一只王天堂鸟放进口袋而不损坏其精美的尾羽呢？即使他能想到办法每次都能偷偷带出几只鸟，那他要去多少次才能拥有一份可观的收藏呢？在引起怀疑前，他究竟可以进去多少次呢？

最好的办法就是把它们一次偷光。

当他匆匆进出教室和排练室的时候，他仔细思考着计划的各种细节。他要怎样进去呢？哪条路线能确保他在博物馆里待的时间最短？他应该先从天堂鸟、蓝鸫鹛还是印度乌鸦下手呢？保安多久巡逻一次？一共有多少名保安？各个监控摄像头的位置都在哪儿？如果他破窗而入，那他如何带着装满鸟的行李箱爬出去？一个行李箱够吗？

他创建了一个名为“博物馆入侵计划”的 Word 文档，并且开始制定所需的工具清单：爪钩、激光玻璃刀和用来隐藏指纹的乳胶手套。

有时，在排练期间，一个内在的声音会跳出来说，*这太荒唐了*，但这个声音如此微弱，总是被另一个催促他行动的音声所淹没。那个声音对他说，*如果你打算这样做，就要采取具体的步骤使行动圆满完成*。

埃德温去医务室进行常规体检，而就在这一刻埃德温的计划从想象世界进入了现实世界。他坐在检查室等待医生到来，这时他的目光落在了一盒乳胶手套上。他想，我需要一双这样的手套，于是便把它们放进了口袋里。

埃德温的准备工作就这样正式开始了。在首次参观博物馆的 7 个月后，也就是 2009 年 6 月 11 日，他用自己的易贝网账户“长笛演奏者 1988”订购了一把切割 8 毫米玻璃的金刚石玻璃刀。为了防虫，他还订购了一盒 50 粒的樟脑丸。

他将照片从手机转存到电脑上，研究一个柜子到另一个柜子之间的距离，估算将每种梦寐以求的鸟类都弄到手可能需要多长时间。

他仔细查看了博物馆的地图，并上网研究了特林小镇的地图，了解小镇的主街、辅路和小巷。火车站位于市中心的东边，要到达市中心，要足足走两英里昏暗的乡村小路。要溜进特林小镇轻而易举，但他一旦到达阿克曼街十字路口，就将与特林警察局直面而对，警察局位于特林博物馆以南，距其还有最后 0.25 英里的距离。

但他已经找到了一条不易引人注目的路线。他注意到一条与阿克曼街平行的狭窄小巷，这条小巷在房子和餐馆的后面蜿蜒延伸。这条小巷——137

号公共人行道——可以让他通向鸟类楼的正后方。

这里有一堵墙，但他能轻松地爬过去。这里也有带倒钩的铁丝网，但他能轻易将其剪断。博物馆的二楼有一扇窗户，距墙有几英尺，但他能够到窗子。

他就差给计划选定一个最佳日期。皇家音乐学院的这一学期将在 7 月 1 日结束，那时他将返回纽约，如果他要在这之前动手，时间已经所剩无几。

6 月 23 日早晨，他醒来时，胸有成竹。他将在音乐学院举办的“伦敦音景”音乐会上进行表演，这场为期一天的音乐会是向珀塞尔（Purcell）、佩皮斯（Pepys）、韩德尔、海顿及门德尔松等作曲家致敬。几个世纪以来，他们为这座城市留下了难以磨灭的记忆。在音乐厅的储物柜里，他存放了一个空行李箱、一支小型的手电筒、一把钢丝钳、一副手套和一把玻璃刀。演出结束后，他将长笛放进储物柜，将行李箱取了出来，赶往尤斯顿火车站，登上了去往特林的夜车。

这辆米德兰号列车被漆成鹦鹉绿和犀鸟黄色，咖啡色的地毯使车厢里走起路来很安静。就在火车在去往特林途中的金斯兰利站停靠前，大联合运河出现在眼前，在余下的路程中，这条河从铁轨和 A41 号公路之间川流而过。一个女人用低沉的声音报着每一站的站名：“温布莱中央站、哈罗和威尔德斯通站、布希站、沃特福德交汇站……”

埃德温有 9 站、35 分钟的时间来改变主意。

***

他精心彩排的计划很快便脱离台本，在遗落玻璃刀后，他经历了令人伤透脑筋的几分钟，他敲碎玻璃，弄出足够的空间把行李箱塞进去。但他飙升的肾上腺素使他无暇担心被割伤，而是扭动着身子从布满锯齿状玻璃的窗框中钻进了博物馆。

1500 个没有上锁的钢制柜子排列在他计划好的路线上，柜子里面装着成千上万只鸟。只有一些写着拉丁学名的小标牌显示着柜中所装之物。他的手电筒投下一束昏暗的光圈，他匆匆走过过道，搜寻着包括印度乌鸦在内的“伞鸟科”藏品。他原本计划每种鸟只拿几只，但当这一刻到来时，他忍不住清空了整个托盘。留下的只有那些体形较小的雌性和尚未长出橙色胸毛的幼年雄性。

47 只印度乌鸦，每只重约半磅，整齐地摆放在他的行李箱里。在走向装有 7 种蓝鸫鹛亚种的柜子前，他小心地关上了柜子，以免引起博物馆工作人员的怀疑。

在偷盗了特林博物馆抽屉中 98 只小小的蓝鸫鹛后，他向存放着马来群岛鸟类的区域走去。

他抽出一个标签为“辉亭鸟”的托盘，里面装着产自新几内亚的火红辉亭鸟。这种鸟体长 9 英寸，因其催眠般的求偶舞而闻名。在跳求偶舞时，它会像斗牛士一样举起翅膀，同时不断地扩张和收缩瞳孔。他将 17 张金橘色的鸟皮塞进了行李箱。

最终，他走向了天堂鸟。他熟练地将 24 只丽色天堂鸟装进了行李箱，现在里面装满了几个世纪以来从几大洲收集而来的标本。尽管如此，他还是设法装下了 12 只华美天堂鸟，这一物种因其跳跃式的求偶舞而闻名。舞蹈时，它会炫耀胸部绝美的、斑斓变幻的碧绿色羽毛。

他来到了收藏艾尔弗雷德·拉塞尔·华莱士最钟爱的王天堂鸟的柜子前，小心翼翼地将 37 只鸟放进了行李箱，其中 5 只上有华莱士的手写标签。

埃德温意识到他在窃取的狂热中迷失了自我：他不清楚自己拿了多少只鸟、在这里待了多久，但他知道保安很快便会进行下一轮巡逻。他是否能在他们的路线交叉前，设法从窗户爬出去，悄无声息地走到大街上，取决于他的行动速度。他拉着装得满满的行李箱，快速地穿过走廊。保安最终停止观看足球比赛，站起身来，而此时，埃德温已经离开博物馆，从原路爬了出去。

他踏上了人行道，肾上腺素也随之退去，他顿感极度疲惫。他又恢复了机械运动，本能地拖着脚步向前走去。他从小巷出来，走到大街上时，不停地喘着粗气。他一直向东走，路边的景致从店铺变为住宅，从住宅变为农田。不久，他便独自身处一片漆黑的古树林中，树木遮天蔽日，笼罩着下方狭窄的小路。他静静地走了 40 分钟，才看到特林火车站微弱的灯光在远方亮起。

他原本计划乘坐 10 点 28 分的火车直接返回伦敦，一旦错过了，就搭乘 11 点 38 分的火车。最后一班火车是凌晨 0 点 16 分，但他确信他在那之前就一定能结束行动。他最终到达火车站，看了看时间，这时他意识到他错过了所有的班次。

据他自己估计，他在特林博物馆里待了将近 3 小时。下一班返程的火车要等到凌晨 3 点 45 分。他坐在站台上，行李箱里装着价值百万的鸟。此时，他开始担心被抓，这是他计划几个月以来，第一次有这种想法。

如果保安在下一轮巡逻时，发现碎玻璃会怎么办？他是否记得关好每一扇柜门？玻璃刀上是否留下了他的指纹？手上这是伤口吗？是否有血滴在特林博物馆里？他们会通过血迹查出他的身份吗？他是否被监控摄像头拍了下来？那把玻璃刀在哪儿？

如果他们立刻就展开了拉网式搜索，拿着手电筒，带着警犬从犯罪现场逐步向外搜查，循着死鸟的气味，找到火车站，那该怎么办？

他筋疲力尽，但不能冒险睡觉。每当有人从附近横跨铁轨的桥上走过时，肾上腺素便会迅速袭遍他的全身，使他疲惫不堪的头脑因恐惧而立刻清醒。

米德兰号列车在凌晨 3 点 54 分驶入特林站台，前灯照亮了幽暗的站台。他抓起行李箱，焦急地等着车门打开，迫不及待地想远离博物馆，重回都市。这样他便可以融入熙熙攘攘的伦敦人和提着行李的游客之中。

他登上火车，但车门迟迟没有关上。门上方的一个盒子里传出了尖锐的哔哔声。是列车长收到警报了吗？

最后，这扇气动门砰的一声紧紧关上，他悬着的心放了下来。一个提前录制好的声音宽慰般地向他问候“欢迎乘坐本次开往尤斯顿的伦敦米德兰号列车”，大多数的乘客睡得很熟。他没有使用上方的行李架，而是将行李箱和里面的珍贵之物夹在两腿之间，并极力忍住了向箱子里窥探的冲动。

随着火车驶近下一站，他紧张地盯着窗外，搜寻着站台上闪烁的警灯或牵着警犬的警察。但这样的事情并没有发生。每到一站，博物馆都随之渐远，他开始放松下来。

40 分钟后，自动语音系统播报道：“我们已经驶进终点站伦敦尤斯顿火车站。”月票乘客聚在门口，啪的一声合上钱包，拉上夹克拉链。“下车时，请记得带好个人物品。”

成功在即，黎明时分，他沿着街道，匆匆向自己的公寓走去，行李箱的轮子在人行道的接缝处发出吱吱嘎嘎的噪声。

他蹑手蹑脚地穿过公寓，不想吵醒室友。他回到自己的房间，此时阳光已经开始从窗子透进来。他终于安全了。他拉开行李箱，凝视着里面闪现出的绿松石色、深红色、靛蓝色和翠绿色的羽毛以及数百只毫无生气的、用棉花填充的眼睛。他将鸟摊开在床上，越发兴奋，他觉得这是他人生中最美妙的一天。这不是一场梦。它们全都是属于他的。

他在床上腾出一块地方，然后沉沉睡去。

9

破窗悬案

2009 年 6 月 24 日，值班的保安巡逻时，在大楼的墙角下发现了碎玻璃。也许是一个醉汉从附近的公共人行道将一个空瓶子扔过了墙？他扫视这一区域，最后将目光落在了头顶那扇被打碎的窗子上。

他急忙跑进去通知特林博物馆的研究员，似乎有人闯进了博物馆。

警察赶到现场，开始搜集证据，检查了离破窗最近的鸟皮储存柜，并对室外进行了搜索。负责特林博物馆鸟皮藏品的高级研究员马克・亚当斯（Mark Adams）赶忙跑到存放博物馆最珍贵标本的架子前。

从 1990 年起，亚当斯就在博物馆工作，最近他在期刊上与他人共同发表了一篇题为《灭绝与濒危鸟类收藏：风险管理》的文章，文中指出“破坏和偷盗”如今越发令人担忧。

为了保护这些珍稀标本，特林博物馆的工作人员将它们转移到“与研究员办公室相邻的高能见度区域，在那里任何针对藏品的活动都可以被轻松监控”。亚当斯承认，将所有的藏品都整合到同一区域本身存在风险——一场大火可以使所有藏品毁于一旦——但他也强调，他们的方法意味着“为了确保安全，只有几个关键区域需要额外的保护措施”。

此刻，他身处犯罪现场，紧张地打开了存放着特林博物馆珍宝的柜子，这是他最为担心的。柜子里存放着达尔文在乘“贝格尔号”航行期间收集的加拉帕戈斯雀类、渡渡鸟和海雀等灭绝鸟类的皮毛和骨骼，约翰・詹姆斯・奥杜邦所收集的鸟类标本及其著作《美洲鸟类》的原版，这是世界上最昂贵的一本书。

幸运的是，一切似乎都完好如初。

警察询问保安窗子大约是什么时间被打破的，保安只能估计是在 12 小时之内。

所有人都对闯入者的目的感到困惑不解。警方提到，最近发生了一连串的砸窗盗窃案，小偷在镇上到处寻找笔记本电脑和电子产品。但他们检查了员工办公室，发现似乎没有任何贵重物品丢失。

大家似乎达成了一种令人宽慰的共识。看起来罪犯只是探进脑袋，四处看看，没发现什么明显值钱的东西，便空手而归。如果他知道达·芬奇收集的雀类在黑市上能卖出多高的价格，或者知道《美洲鸟类》在最近的拍卖中以 1150 万美元的价格成交，他便会一夜暴富。

就这样，警方并没有下令对藏品进行系统的清点。即使下令，为数不多的工作人员要清点 1500 多个柜子中的 75 万件标本，也要花上数周的时间。况且，他们至少有 10 年时间没有进行过彻底清点。

特林博物馆的藏品管理员罗伯特·普里斯 - 琼斯（Robert Prys - Jones）博士看到一切似乎都完好如初，感到如释重负。警方写了一份简短的报告，认为破窗悬案已告终结。

埃德温偷盗成功的喜悦转瞬即逝。他不能就此事向朋友、女友或弟弟炫耀。他不能把鸟公然留在公寓里。现在，他拥有世界上规模最大的私人鸟类收藏，但他要对此保密，或者最终编造一个谎言来解释这些标本从何而来。

在接下来的日子里，他深感恐惧和内疚。如果前门的蜂鸣器意外响起，一阵恐惧就会袭遍他的全身。走过街区时，他开始感觉有人跟踪他。难道警察已经在追踪他吗？警方发现了什么能将他与这起犯罪案联系起来的线索吗？甚至电话铃声也会使他心惊肉跳。

他考虑将这些标本送回去。如果他把标本放在特林博物馆的门前，再悄悄潜入黑夜，这起盗窃案便好似从未发生过。又或者，他考虑无须回到犯罪现场，而将它们随便丢到街角，然后匿名报警。但这两种设想都引发了新的担忧，他害怕被抓住：在一座大城市，将一个行李箱故意丢在某处非常可疑，而且警察是否对博物馆进行监视也不得而知。

为何不惜一切代价把这些鸟弄到手，而几天之后又要送回去呢？

终究，一切如故。他并没有放弃自己的爱好：仅仅是看到这些赃物，他就迫不及待地想要重新开始绑制飞蝇，但绑钩台、绕线柄、亮丝和绑制线等工具都还在纽约。再过几天，他就要启程回家，但冒险带鸟通过海关是非常愚蠢的。他不得不等到秋天将工具带回伦敦时，再重拾自己的爱好。

他还需要一支新笛子。他的父母仍在困境中苦苦挣扎。飞蝇绑制圈对新羽毛的需求与以往一样强烈。他们最近在论坛上授予埃德温“年度最佳飞蝇绑手”的称号。

不久，恐惧与内疚就渐渐消退，随之而去的还有归还鸟的念头。谁又会在意一些从散发着霉味的博物馆里拿走的鸟呢，尤其是在博物馆里还剩下很多鸟的情况下？

他继续按计划行事，首先列出一份详细的清单。他小心地把每个标本放在桌子上，展开凤尾绿咬鹃长达两英尺的尾巴，小心翼翼地托起王天堂鸟，其圆盘状的羽毛呈变幻斑斓的翠绿色，来回摆动着。他在电脑上打开一个空白文件，开始做记录。这些数字把他惊呆了。他果真拿了 47 张印度乌鸦皮吗？37 张王天堂鸟皮？39 张凤尾绿咬鹃皮？

完成清点的时候，他共记录了属于 16 个不同物种和亚种的 299 张鸟皮。过去 10 年里，他在绑制飞蝇的过程中，遇到了重重障碍：辛苦地劈几小时的木头，就为了能买几根约翰·麦克莱恩所用到的羽毛；长途跋涉去参加资产拍卖、逛古董店，徒劳地想找到便宜货；给动物园打电话，搜寻换羽；眼看着易贝网上珍贵的鸟被富人抢购一空，自己只能用廉价的替代品绑制飞蝇。而现在周围的这堆鸟使所有的障碍都烟消云散。一个多世纪前，乔治·凯尔森曾抱怨上等的天堂鸟羽毛难寻，但埃德温现在拥有的羽毛之多是老凯尔森难以想象的。

在一个与毒品交易无异的市场中，埃德温拥有无人能及的货源。这个市场里充斥着形形色色的人：白领、蓝领、年轻的、年老的，他们来自世界各地，并自诩为羽毛上瘾者。显然，有两种方式可以卖掉这些羽毛：他可以联系医生、牙医和律师等富有的绑制者，卖掉整张的鸟皮。这种模式基本上属于批发，他可以在前期赚得大笔现金，但总收入会比他将羽毛拔下来、单独包装出售要少得多。后者更接近于零售模式，他需要接触更多的客户，而收入较少的现金，但从长远来看，他会赚得更多。当然，最简单的做法是把所有的赃物都卖给一个富有的收藏者，但他偷盗的一个主要目标便是获得可以供其使用一生的绑制材料，而这样做会使他的这一目标化为乌有。

零售模式的风险要大得多。客户较少，他被抓的可能性便降低很多。他或许不需要在网上发布任何消息，从而避免留下罪证。如果有人问鸟皮的来源，他就可以说是在伦敦一家古董店或某场未公开的维多利亚时期的遗产拍卖上寻得的。

无论是从处理羽毛还是从交易方面而言，零售方式都需要做更多的工作。在处理羽毛方面，他需要拔下羽毛，从背部、翅膀、喉部或胸部的两侧找到配对的羽毛。在交易方面，他需要为每张帖子的每根羽毛撰写信息，拍摄照片；需要进行打包，可能要打包几千个密封塑料袋；需要处理配送问题，想办法在不引起注意的情况下将产品发送给买家；需要管理财务，建立在线支付账户；此外还要处理客户服务问题。当他不彩排的时候，他就要经常跑去邮局，将羽毛寄给焦急的客户，这会耗费他大量的时间和精力。

他决定尝试多种方法。他会在论坛和易贝网上零售一些羽毛，同时私下里联系一些可能买得起整张鸟皮的熟人。

他将每张鸟皮都摆在一块深灰色的布料上，将镜头对准绑制者们最看重的部位，把系在鸟腿上的、角上印有“大英博物馆”字样的标签藏了起来。

他拿起镊子，开始拔第一批羽毛，他从一只印度乌鸦的胸部拔下浓密的橙色羽毛。在他年少时，他的父亲曾出 2500 美元的高价，击败了一群急欲购买的绑制者，从新泽西州一位即将去世的收藏家那儿买了一张完整的印度乌鸦皮。但埃德温一直没舍得拔下所有的羽毛。现在，他面前的桌子上摆着 47 只印度乌鸦，它们身上的羽毛多到让他可以毫无顾忌地去拔。剩下的黑色羽毛对于飞蝇绑制者来说毫无用处，因此当他拔光胸部的羽毛并配对后，便将鸟皮扔进衣柜旁的一个大纸板箱里。接着，他开始拔另一张鸟皮，不久他就有了一小堆装袋的羽毛。每个袋子里装着 6 根比小拇指甲大不了多少的羽毛，而一袋可能会卖到上百美元。

暑假临近，埃德温马上就要离开这里，他把鸟和一包包的羽毛装进一个大纸板箱里，小心翼翼地把樟脑丸放进去，以保护他的藏品不受任何昆虫侵扰，然后把纸板箱妥善放进衣柜里，又加了一把锁。当他回来的时候，他想卖掉的一切东西都已准备就绪，只等分销。他只要把标签从鸟皮上剪下来，再把鸟皮寄出去，就没有人会把它们与特林博物馆联系起来。

劫案发生几周后，他登上了回家的飞机，这时并没有人在调查他。特林博物馆里甚至没有人意识到有什么东西不见了。

10
“一桩非同寻常的罪案”

2009 年 7 月 28 日早晨，马克・亚当斯来到特林博物馆上班，他完全不知道这一天将会过得多么糟糕，此时距劫案已有一个多月的时间。亚当斯带着一位来访的研究者沿着有荧光灯照明的过道，走向鸟类收藏区，沿途指出了各种鸟科和属种所在的位置。红领果伞鸟在这里，他说着打开了一个柜子，他之前曾无数次在其他研究者面前这样做过。但当他拉出一个装着红领果伞鸟（飞蝇绑制者称其为印度乌鸦）的托盘时，所有的成年雄性鸟皮都不见了。

他心跳加速，拉开了另一个托盘。空的。又一个托盘。空的。除了一只塞在后面角落里、难以发现的成年雄性鸟皮，其余的都是未成年的雄性，胸部还未长出橙红色的羽毛。

特林博物馆全体总动员，工作人员急忙去查看是否还有其他东西被盗。他们检查了附近柜子中存放的其他颜色艳丽的伞鸟科鸟类，发现了更多的空抽屉。几十只蓝鸫鹛不见了。他们赶快打开了装着咬鹃科鸟类（其中包括凤尾绿咬鹃）的柜门，发现里面也空了。他们将搜索范围扩大到天堂鸟，发现几十只天堂鸟消失无踪，其中包括 5 只华莱士收集的天堂鸟。只有那些颜色暗淡的雌鸟被留了下来。

他们打电话给赫特福德郡警方，通知他们破窗悬案需要重新调查。

在接下来的几个星期里，身心交瘁的研究员们开始清点损失，他们打开了 1500 个柜子，拉出了数千个托盘，发现有来自 16 个不同物种的 299 只鸟不见了。尽管现在下结论还为时过早，但他们已经开始意识到，这不是一起以科学研究为目的的盗窃案，因为一个痴迷的收集者若试图完成一个物种的收集，会同时盗走雌性和未成年的标本。随着清查的继续，他们确定无论是谁干的，他的目的都是为了得到羽毛色彩斑斓的奇异鸟类。

谁会去偷一堆死鸟呢？

阿黛尔·霍普金（Adele Hopkin）警长朝博物馆走去，这个问题最初在她看来似乎滑稽可笑。她是位单身母亲，留着齐肩棕发，举止热情但毫无废话。她已经在警队工作了将近 20 年，就在这桩破窗悬案发生的几年前，被任命为警探。她当过便衣警察，做过卧底，在缉毒队工作过，也曾参与过社区安全项目，保护弱势居民免受欺诈和骚扰。现在，她是警长，在赫特福德郡带领一队人负责调查抢劫、入室盗窃和暴力袭击。

她住的地方离博物馆不远，但她很少到那儿去参观。在接到那通电话之前，她从未听说过艾尔弗莱德·拉塞尔·华莱士，也不清楚特林博物馆收藏的重要意义。然而，她明白调查工作因博物馆时隔如此之久才意识到被盗而受到阻碍。无论这件事是谁做的都已占尽先机：若非访问研究员要查看印度乌鸦皮，不知道要过多久才会有人注意到丢了东西。

闭路电视监控录像可以保存 28 天，而这起入室盗窃案已经过去了 34 天。同样令人沮丧的是，阿黛尔怀疑录像是否能帮助他们破案。特林并不是一个监控严密的小镇，她清楚，从小镇到火车站之间的这段路上没有摄像头：“大概有 4 英里的距离，什么都没有。”她说道。

窃贼的动机及作案手法不明。这些鸟是一夜之间被全部拿走了，还是历经了数月，甚至数年的时间呢？毕竟，距离上一次藏品的全面清点已有 10 年的时间。是一名犯罪者还是不止一名呢？他是乘车而来还是步行而来呢？这会不会是犯罪团伙干的？多年来，一个被称为“爱尔兰旅行者”“拉斯基尔漫游者”或“死亡动物园团伙”的犯罪团伙参与了一系列的犀牛角和中国玉石盗窃案。他们的足迹遍布全球各地的博物馆，其中包括英国的各博物馆。

起初，阿黛尔怀疑是工作人员监守自盗，有人把珍贵的标本塞进裤袋里，每次只偷走两三张鸟皮。但她很快就排除了这种可能性。通过与博物馆工作人员的谈话，她能看出这起盗窃案对他们的打击是多么沉重。

她让博物馆工作人员带她去看被打破的玻璃窗。第一次接到报案时，辖区警察已经前后检查过，但她还想再看一看。

窗子距离地面大约 6 英尺，个子足够高的人可以爬进去，但这并不容易。她扫视窗子下方的区域，目光落在一个排水沟上，这是用来接可能从房顶掉落的墙体或碎片的。她蹲下身子，在玻璃碎片中发现了一小块橡胶手套和一把玻璃刀。她在一块碎玻璃上发现了一滴血迹。她将同事们遗漏的证据装进袋子里，送往国家法医实验室。

阿黛尔在犯罪现场四处探查，而博物馆工作人员此时已经开始接受盗窃案的严重后果和其所引发的公共关系危机恐慌。丢失这么多无可替代的鸟皮，将给科学记录留下巨大的空白，这是个极其令人不堪的打击。罪犯似乎很容易便得手，这使事情看起来更糟。

特林博物馆的工作人员是自然历史的监护人，随着丢失鸟皮数量的增加，他们的挫败感也不断加深。马克·亚当斯因盗窃案深受打击。他将自己和其他人视为研究员链条中的一环，几个世纪以来他们受托照看这些标本，但他们有辱使命。

然而，这并不是特林博物馆第一次被盗。

1975 年，一个坐着轮椅的男人出现在博物馆的入口，他想跟研究员聊聊鸟蛋收藏的事情。默文・肖特豪斯（Mervyn Shorthouse）解释道，工作时，他在一次电击事故中受了重伤，现在已经残疾。如今，鸟蛋是他生活中唯一的乐趣。

“博物馆很同情他。”迈克尔・沃尔特斯（Michael Walters）回忆道。他当时是特林博物馆鸟蛋收藏的负责人，出于同情，他允许肖特豪斯进入参观。在接下来的 5 年里，他共参观特林博物馆的鸟蛋收藏 85 次——直到一名起了疑心的研究员发现他把一些蛋偷偷塞进了口袋里。警察在博物馆外对其进行搜身，在他的宽松大衣和汽车里，发现了 540 枚蛋，又在他的家里找到了 1 万枚。人们很快便发现，使肖特豪斯致残的那次“电击事故”实际上发生在另一起盗窃案中，当时他正试图锯开一条有电的高压线来偷取电缆。

在审判中，检察官对“部分国家遗产所遭受的无法估量的损失”表示遗憾，并确认肖特豪斯一直在向其他私人收藏家出售鸟蛋，他通常会去除所有的识别性标记，以掩盖线索。肖特豪斯因其罪行被判入狱两年，而在接下来 25 年的职业生涯中，沃尔特斯则一直试图弥补收藏的完整性所受到的损害。

在另一起臭名昭著的案件中，理查德・迈纳茨哈根（Richard Meinertzhagen）上校因未经允许擅自拿走标本而被禁止进入大英博物馆的鸟类展室。但在第一次世界大战期间，迈纳茨哈根在黎凡特地区是一位功勋卓越的军官，还是一位多产的猎鸟者和鸟类学家。他让沃尔特・罗斯柴尔德勋爵游说伦敦博物馆取消禁令。只过了 18 个月，上校便获准再次进入博物馆，但在接下来的 30 年里，研究员始终怀疑他在偷鸟。他于 1967 年去世，将私人收藏的 2 万枚标本全部捐给了博物馆，但几十年之后，科学界才看清迈纳茨哈根的企图：作为一个世界知名的收藏家，为了使自己留给后世的遗产更加丰富，他换掉了他人收集的鸟类上的标签，谎称它们是自己的发现。这些物种都不是近期被盗的，其标签上的生物数据无比珍贵，他的行为令这些数据的真实性受到了质疑。

博物馆的鸟类藏品管理员普里斯·琼斯博士在过去的20年里，花费了大量时间来分析迈纳茨哈根的欺诈行为所造成的影响，这令他十分沮丧。他知道在过去的几年里，其他博物馆也发生了一系列的鸟皮盗窃案。1998年至2003年间，澳大利亚博物馆的害虫监控员亨德里克斯·范·莱文（Hendrikus Van Leeuwen）在无人监管的夜间进入藏品室，偷走了2000多具头骨和骨架。近期，斯图加特自然博物馆丢失了一些鸟皮，其中大部分属于伞鸟科，但罪犯始终未被抓获，这类盗窃案通常不会公之于众。

普里斯·琼斯致力于应对世界各地自然历史博物馆所面临的挑战。1999年11月，他在特林博物馆召开了一次会议，会议名为“博物馆为何重要：灭绝时代的鸟类档案”。来自25个国家的130名研究员参加了会议，他们代表了收藏着近400万张鸟皮的欧洲各自然历史博物馆。特林博物馆是其中最具声望的，相较于第二大的荷兰自然生物多样性中心，特林博物馆的鸟皮数量是其4倍，也令卢森堡、挪威及意大利的博物馆中收藏的几千张鸟皮相形见绌。所有的博物馆都面临相同的压力：公共资助不断减少，而被盗的威胁不断增加。

会议结束后，欧洲鸟类研究员电子布告栏（eBEAC）设立，这将众多的研究员团结起来，帮助时间有限的工作人员了解人们的种种痴迷，正是这种种痴迷使黑市对某些标本趋之若鹜。如果一家博物馆遭到有组织的团伙盗窃，世界各地的其他研究员便会提高警惕。特林博物馆自告奋勇，负责电子公告栏的网络管理工作。

就目前情况而言，这个系统并没有起作用：特林博物馆的工作人员根本不知道，某些标本已经变得十分珍贵，成了窃贼的目标。

将劫案公之于众意味着拿自己的名誉冒险。但博物馆主管们认为，为了追回这些鸟皮，冒蒙羞的风险是值得的。另外，阿黛尔需要线索。从国家指纹数据库中获得取证结果需要一段时间，并且如果没有与已知罪犯指纹相匹配的结果，她将毫无头绪可言。他们最大的希望就是一些民众能够主动提供线索。

除了找到罪犯，她还有另一项紧急任务：在迈纳茨哈根和肖特豪斯的案件中，标签要么被摘下，要么被替换，因此，找回这些鸟并保证其生物数据标签完好无损是至关重要的。寻回没有标签的鸟将给研究者留下无法填补的空白。因为没有标本收集的日期及详细地理信息，研究者将无法从鸟皮中得到多少有意义的推论。根据填充标本所用的材料和棉花，受过训练的专业人员可以进行推测，但这将是一个艰难而漫长的过程，而且结论并不精确。

在阿黛尔的帮助下，博物馆起草了一份新闻稿，公开本次劫案。

大英自然历史博物馆的科学部主任理查德·莱恩（Richard Lane）在新闻稿中哀叹道："以这样的方式故意成为公众关注的目标，实在令人沮丧。""我们的首要任务是与警方合作，为国家追回这些标本，以供后代科学家所用。"

阿黛尔的上司弗雷泽·怀利（Fraser Wylie）警督说："这是一桩非同寻常的罪案。""我们正在向所有可能在博物馆周围看到任何可疑活动的人发出呼吁，无论是在案发之前、案发之时还是案发之后。"警方提供了他们的联系方式，以及一个“犯罪拦截”热线电话号码，人们可以通过这部热线提供密报。

英国广播公司及《每日电讯报》（*Telegraph*）等少数英国媒体进行了简短的报道。自然和学术博物馆及美术馆协会等少数网站也发布了相关消息，但新闻稿流传最广的是各种在线飞蝇绑制论坛：飞蝇垂钓者网站（FlyFisherman.com）、飞蝇绑制论坛（FlyTyingForum.com）及埃德温最喜欢浏览的经典飞蝇绑制网站。

11
渐入冷径和热卖的鸟

“有人偷走了博物馆的鸟！”安东在电话的另一头惊呼，“论坛上说的！”

埃德温刚过完暑假，返回伦敦。他匆忙跑到电脑前，找到了那篇新闻稿。弗雷泽·怀利警督发布的一份声明吸引了他的注意：“如果有人出售任何类似的东西，我希望此类标本的收集者保持警惕。”

警方仍在毫无头绪地探索真相：怀利说鸟可能被受雇于某位收藏家的“犯罪团伙”偷走了，299 只鸟能装满 6 个垃圾袋。当记者问到有哪些可能的原因使这些特定的鸟类成为盗窃目标时，他分享了自己的推测——裁缝或珠宝匠为了完善自己的工艺而委托窃贼寻找色彩斑斓的羽毛。“我们不能妄下结论，”他补充道，并提出了另一种推测，“渔具市场或许也有此类需求。”

警方已经展开正式调查，公开征集线索。埃德温知道，此时再把鸟还回特林博物馆，简单说句抱歉为时已晚。他想把鸟藏起来几年，或许几十年，一直等到警方停止调查再拿出来卖。或者他可以继续他的计划，保证为每一笔交易都编一个可信的托词。他在想，如果这些人花了一个月的时间才意识到被盗，他们又能有多聪明呢？他们肯定很快就会把这些鸟忘了。

埃德温开始了他在皇家音乐学院第三年的学习。不久之后，埃德温在 10 月，购买了 1100 个小号的密封塑料袋，尺寸为 2.25 英寸 ×3 英寸，正好适合装单根的羽毛。他还订购了 500 个尺寸为 4 英寸 ×5.5 英寸的中号密封袋，刚好用来装从鸟皮上撕下的成块羽毛。11 月 12 日，他登录了经典飞蝇绑制网，找到论坛的“交易平台”，发布了一篇新帖子：“出售印度乌鸦羽毛，赚钱买新长笛！”

“现在是时候买更好的乐器了，”他写道，“我正在出售一些乌鸦羽毛来达到这个目标。”在描述他的货品时，他用 P.S. 代表红领果伞鸟（Pyroderus scutatus）的拉丁学名。“在售的有两个亚种：P.s.scutatus 和 P.s.granadensis 都是最上乘的品质。Granadensis 数量有限，先到先得！每次可购买的羽毛数量不限。价格：Scutatus——大号 10 根 /95 美元，中号 10 根 /85 美元，小号 10 根 /80 美元；Granadensis——大号 10 根 /120 美元，中号 10 根 /95 美元，小号 10 根 /90 美元。”帖子上还有尖部呈橙色的黑色羽毛的高清照片。

绑制者对此趋之若鹜。第二天，埃德温订购了更多的塑料密封袋，这些袋子足够大，可以装下整张鸟皮。两天之后，他再次登录论坛，宣布剩下的印度乌鸦羽毛数量有限，“因此，如果你还想买一些羽毛，现在机会来了”！

11 月 28 日，埃德温向易贝网上传了一张蓝鸫鹛照片，这只蓝鸫鹛体形娇小，呈蓝绿色。他所用的账号是“长笛演奏者 1988”，在初次参观特林博物馆之前的几个月，他注册了该账号。当拍卖的消息在论坛上公布时，人们的反应令他感到惊讶。

垂钓者安德鲁（Angler Andrew）：又是来自英国。我在易贝网上从来没看到来自英国的蓝鸫鹛。不管怎么样，还剩大约 10 分钟的时间，仍然没有人出价。但愿好运属于我！

孟考特（Monquarter）：嗯，卖家是“长笛演奏者 1988”。埃德温·里斯特最近在卖印度乌鸦来赚钱买新的长笛。巧合吗？我怀疑卖家或许就是里斯特先生，这样一来就会质量上乘，卖家可靠。

米奇（Mitch）：不管怎样，祝他好运，希望他能在圣诞节前得到长笛。干杯吧。

与此同时，阿黛尔仍在等待橡胶手套、血迹和金刚玻璃刀的取证结果。她怀疑不会得到匹配结果。一名有经验的窃贼，如果已经留下指纹档案，会更加小心，销毁潜在的罪证。同时，她还与负责执行反贩卖法的国家野生动物犯罪打击小组取得了联系。这一警务部门刚刚成立3年，专门负责收集与野生动植物犯罪相关的情报，与包括英国边境检察署在内的各个执法部门有着密切联系。边境检察署下设一个专门的“濒危野生动植物种国际贸易公约小组”，他们经过训练在希思罗机场识别受保护物种。阿黛尔请他们多留心：如果有探员发现某人带着一堆奇异鸟类，请第一时间通知她。

大约在这段时间，“莫蒂默（Mortimer）”从非洲垂钓探险之旅中返回，中途在伦敦停留了8小时，他是太平洋西北地区的一位牙医，也是一位狂热的飞蝇绑制者。他乘出租车来到吉瑞斯酒店，发现埃德温正在酒店餐厅等他。

埃德温似乎并不是特别急于展示他的货品。他点了一杯啤酒，拿出了几种鸟，这些鸟都是客户在邮件中表示感兴趣的。当莫蒂默查看鸟皮时，埃德温告诉他，自己正在帮两位贵族收藏家卖掉他们的藏品，以此为自己赚学费。莫蒂默不确定它们的合法性，对于带着鸟去机场持谨慎态度，于是将最上乘的3张鸟皮——火红辉亭鸟、印度乌鸦和蓝鹎鹛——留下邮寄回去。他给埃德温寄去了一张7000美元的支票。当包裹到达莫蒂默的牙科诊所时，他在里面发现了一张美国鱼类和野生动物管理局的检查单。这意味着要么埃德温伪造了文件，要么联邦管理局在运输途中打开了包裹，检查了这些鸟，并允许放行。

87 岁的菲尔·卡斯尔曼（Phil Castleman）大概是圈中经营时间最久的羽毛供应商。他是位于马萨诸塞州斯普林菲尔德的纹章城堡的业主，已经销售羽毛长达 64 年，邮寄名单中有将近 1500 个客户的名字。他的陈列室里有动物皮毛、鸟类标本及 100 多个装在框中的鲑鱼飞蝇，它们均出自世界最顶尖的绑制者之手，只有通过预约才能进入参观。卡斯尔曼密切关注市场上的动向，若有竞争者想要转卖大量鸟皮或有痴迷的收藏者想购买，他通常都会得到消息。在埃德温开始出售鸟皮后不久，卡斯尔曼就接到了电话，一些飞蝇绑制者向他透露，在英格兰有大量珍稀鸟类被拍卖，他们想知道这些鸟是否能合法运到美国。他在欧洲有大量业务，但并不知道英国有任何人有此类收藏要拍卖。

然而，当卡斯尔曼接听谨慎的绑制者打来的电话时，埃德温正在寻找买家，其中的许多人是他刚接触绑制飞蝇时便结识的，他们并不多问。他知道他们对这些鸟的痴迷意味着，他们不会问那些自己宁愿不知道答案的问题。然而，对于那些良心驱使自己要得到答案的买家，埃德温编造了一连串的故事，捏造每张鸟皮的来历。有些鸟皮是在古董店里无人注意的角落里发现的，有些是从各地方遗产拍卖会上淘到的。在售的天堂鸟是他从巴布亚新几内亚的一位朋友那里弄到的。

随着 2010 年的临近，寻找窃贼——或盗窃团伙——的线索越来越少。研究员们查看了与那些对失窃物种感兴趣的人的邮件往来，并初步确定了两名怀疑对象：一名是名为吕克·库蒂里耶的加拿大人，另一名是名为爱德华·穆泽罗的美国人。就在几年前，两人都曾询问是否能购买博物馆的某些鸟皮，但均遭到拒绝。阿黛尔排除了他们是罪犯的可能性，但丝毫不知她多么接近真正的窃贼，这名窃贼跟穆泽罗学会了绑制第一枚飞蝇，从库蒂里耶口中第一次听到了特林博物馆。

尽管博物馆研究员在公开场合表达了他们想要寻回标本的强烈渴望，但他们私下认为被盗的标本很可能已经损毁，标签已被摘下，不再具有研究价值。这种悲观的假设是否影响了警方的调查尚不确定，但确定的是窃贼就在他们的眼皮底下。其中一种可能的推论便是劫案的幕后黑手是一名飞蝇绑制者，而任何对失窃物种的网络搜索都会在经典飞蝇网站上弹出大量的搜索结果，包括有关埃德温在易贝网出售鸟的讨论。他在论坛帖子中使用的就是每一物种的拉丁名称，这些名称现在就贴在特林博物馆里的空柜子上。

在特林博物馆劫案之前的两起盗窃案——肖特豪斯的鸟蛋案和迈纳茨哈根的鸟皮案中——作案人员都是参观过标本储藏的身份已知者。最近这起案件的窃贼在偷盗前也曾来过博物馆吗？在之前的一年里，进过储藏室的来访者不超过两三百人：如果罪犯蒙混过关进入博物馆勘察，那他或她的名字无疑会出现在登记簿上。

当然，埃德温·里斯特的名字也出现在2008年11月5日的那页登记簿上。如果他们在网上搜索“埃德温·里斯特”，他们就会找到很多网站将他与鲑鱼飞蝇和其在易贝网上销售的物品联系起来。但劫案发生6个月后，他们仍然毫无头绪。

阿黛尔的日常工作还在快速推进，她每天处理家庭暴力、入室盗窃及其他抢劫案。一旦特林博物馆的研究员能够提供有力线索，她就会展开调查，但就目前情况而言，这起案件进入了悬而未决的阶段。

新年伊始，埃德温一切都进行得很顺利。每当他需要现金时，他就在易贝网或论坛上出售一些羽毛，这些羽毛不到一天就会销售一空。去一趟邮局，钱就会滚滚而来。他只需根据自己所需重复这一过程。

3 月 6 日，埃德温打包了一些鸟皮，如果价格合适，他就要把它们卖掉。他要去位于伦敦以北的纽瓦克市参加春季飞蝇钓鱼展，这里距离伦敦有几个小时的路程。戴夫·卡恩（Dave Carne）最近从年迈的母亲那儿借了 3500 美元寄给埃德温，要买一种珍贵的印度乌鸦亚种的一整块背部羽毛。终于要见到埃德温本人，他感到很激动。从 13 岁开始，卡恩就开始绑制鲑鱼飞蝇，那时他经常用自己的零用钱从打工的商店买凤头鸨和公原鸡的羽毛。

在展会上，卡恩看见埃德温将一整张的蓝鹈鹛鸟皮卖给了延斯·皮尔加德（Jens Pilgaard）。皮尔加德是丹麦的一名铁匠，以收藏手工锻造的大马士革花纹钢刀、中世纪武器及维京珠宝而闻名。他还出售绑制飞蝇的材料，是“Fugl&Fjer Fluebinding”（丹麦语，意为：飞鸟 & 羽毛飞蝇绑制）商店的老板。这位丹麦人在一小群仰慕者面前绑制飞蝇，这时埃德温带着鸟皮朝他走去。“你为什么要卖这个？！”皮尔加德问道，他和周围观看飞蝇绑制的人都对鸟皮的质量之好感到惊讶不已。埃德温回答说，他需要钱买一支新笛子，于是皮尔加德买了一块印度乌鸦的胸部羽毛、一张分割成小块的火红辉亭鸟皮和一张蓝鹈鹛鸟皮。账单金额大约为 6000 美元，他还承诺从奥尔胡斯家中的收藏里，选一张凤冠孔雀雉皮寄给埃德温，这又值 4500 美元，埃德温可以将它卖给自己不断增长的客户群。

2010 年 4 月，埃德温飞往日本，他之前的一段之间已经开始在伦敦国王学院学习日语，甚至还参加了国际日语演讲比赛。他买了一张通票，参观了东京和京都，乘坐了子弹头列车。他带了一包材料，这样他就可以在公园里盛开的樱花下，将精致的丝线缠绕在印度乌鸦和蓝鸫鹛羽毛上，绑制出一枚“波帕姆飞蝇”。

回到伦敦后，埃德温给延斯发了一条消息处理后续事件，告诉他自己已经跟天堂鸟的卖家联系过，他能弄到几只王天堂鸟。几十年来，皮尔加德在羽毛交易中只见过一对王天堂鸟，而一个身在伦敦的 21 岁美国学生是如何找到货源的呢?

尽管埃德温的在线交易痕迹仍在继续蔓延，但霍普金探长和特林博物馆的研究员们还未锁定犯罪嫌疑人。国家野生动物犯罪打击小组也没有在机场发现任何鸟皮。血滴、橡胶手套和玻璃刀的取证结果也没有任何帮助。警方搜寻失踪鸟皮的行动已渐入冷径。

埃德温觉得很安全，他根本无法知晓一个月后，在相隔数百英里的一个荷兰小镇上，客户一句漫不经心的评论会使一切都毁于一旦。

12

长笛演奏者 1988

如果说埃德温的计划从某一特定时刻开始土崩瓦解，那就是 2010 年 5 月末，在兹沃勒小城外举办的荷兰飞蝇展上。这座小城位于阿姆斯特丹以东，距其有一个半小时的路程。

这一盛会每两年举办一次，场地设在纯白色的尖顶帐篷内，瑞典、荷兰和冰岛国旗在小镇以西的特伦特米尔湖畔上空飘扬。中世纪的煤篓上放着杉木板，上面烤着超大块的鲑鱼排。一对风笛手宣告着国王的到来，国王身着天鹅绒长袍，手持权杖形的鱼竿，趾高气扬地迈着大步走来，十分滑稽可笑。

在主帐篷内，来自世界各地的几十名绑制者聚集在一起，在搭起的舞台上展示他们的技艺。一位来自荷兰的建筑工程师安迪・伯克霍尔特（Andy Boekholt）正在绑制一枚鲑鱼飞蝇，他所用的羽毛十分稀有。不远处是新泽西州萨默塞特市国际飞蝇绑制研讨会的主管查克・弗里姆斯基（Chuck Furimsky），他以其标志性的八字胡而为大家所熟知。老式的钓线轴和飞蝇竿在附近的玻璃柜子里微光闪烁。

在场的还有一名北爱尔兰人。“艾里什（Irish）”，20 年来他一直从事执法工作。他在“北爱尔兰问题”最尖锐的时期，从事地下工作，九死一生，逃过了多起爆炸和枪击事件。为了使自己在那段黑暗的岁月里不至于丧失理智，他自学绑制飞蝇，最初是从用来钓海鳟的虾式飞蝇学起。他最近开始涉足传统鲑鱼飞蝇的绑制，于是来到兹沃勒观看大师们表演，但他不像其他飞蝇绑制者那样痴迷于珍稀鸟类。

艾里什在帐篷里四处闲逛，最后在伯克霍尔特的展示台前停了下来。在这位戴着眼镜的荷兰人的绑钩台旁，摆着一个维多利亚时代的储藏柜，里面装着 20 个细长的托盘，这原本是用于存放古老显微镜的载玻片的。伯克霍尔特将托盘逐一抽了出来，里面露出了上百枚飞蝇，绑制这些飞蝇的珍稀羽毛价值不菲。

艾里什和伯克霍尔特聊起这些珍贵难寻的羽毛，伯克霍尔特不禁炫耀起了自己最近的收获——一张完整无瑕的蓝鹎鹛鸟皮。在艾里什看来，这张鸟皮和偶尔出现在易贝网上的那些鸟不同，那些鸟通常都是从维多利亚时期的帽子上弄下来的，翅膀和双腿都是伸展开的，而这只鸟眼窝里塞着的棉花看起来年代久远，翅膀和双脚都紧贴着身体。

他漫不经心地问道："你从哪儿弄来的？"大约一年前，他看到了关于特林博物馆劫案的报道。因此，当他看见这个荷兰人的这张博物馆保存级别的鸟皮后，头脑里闪现出一个念头，顿时疑心大起。

"从英格兰，一个叫埃德温·里斯特的孩子那儿弄到的。"

艾里什回到家，登录经典飞蝇绑制网站，开始点击交易平台中出售的商品。在荷兰飞蝇展的前一夜，有人刊登了一件物品："出售整张雄性火红辉亭鸟皮。"这篇帖子的浏览量已经达到 1118 次。他在易贝网论坛上发现了其他几个出售天堂鸟的链接，论坛成员们提到这些鸟皮的所在位置是英国。艾里什还发现，大多数拍卖都是由同一卖家发布的。

他给赫特福德郡警局打了一通电话，告诉他们调查一下易贝网用户"长笛演奏者 1988"。阿黛尔得到了这一消息，请求易贝网告知"长笛演奏者 1988"这一账户持有人的真实姓名和住址。

当得知埃德温·里斯特这一名字后，阿黛尔通过警方系统查找发现他是皇家音乐学院的一名学生。她将消息告知特林博物馆的马克·亚当斯和罗伯特·普里斯 - 琼斯，他们证实，在案发前 6 个月，曾有人用这个名字进入博物馆参观。

阿黛尔不是一个容易激动的人，但这是她接手这起案件以来，最为有力的一条线索。她马上给学校的管理人员打了电话，希望找到埃德温，却发现自己与他失之交臂：就在两周前，他刚乘飞机回美国度暑假，并且从易贝网上登记的公寓里搬了出去。

盗窃案已经过去了 13 个月。现在他们又晚了 14 天吗？

阿黛尔所在的部门没有多少差旅预算，她去伦敦的火车票还是费尽周折才获批的，因此飞去纽约调查埃德温完全不在考虑范围之内。但她对这些鸟皮的命运十分担忧，时间拖得越久，鸟皮上的标签就越有可能被摘掉，从而在归还特林博物馆时就会变得毫无价值。他会把这些鸟皮带回美国吗？如果他将鸟皮留在英国，那它们又会在哪里呢？

美国不大可能协助将埃德温引渡回英国。她只能等待他自己返回，并寄希望于他没有将鸟皮带走。

9 月 13 日，英国皇家音乐学院的秋季学期开学，埃德温也开始了第四年——也是最后一年的学习。而此时阿黛尔仍试图找出他的确切位置。没有有效地址，她就无法获得搜查令。她仍然在等待，一旦埃德温登记了新的校外地址，学校就会通知她。

此时，返回英国的埃德温，正在转移赃物。他在给客户群的一封电子邮件中，宣布了自己 2010 年 9 月的出售物品，其中包括一只“羽毛丰满的”蓝鸫鹛，售价为 1000 美元（不包括邮费）。几周后，他给延斯·皮尔加德发信息，希望能将几只天堂鸟卖给这位丹麦人。

或许是希望迎来新一波的销售高峰，他登录了易贝网，用新地址更新了自己的账户。

此后不久，易贝网便回复了阿黛尔的请求，告知她犯罪嫌疑人的最新地址：威尔斯登格林区的一套公寓，从皇家音乐学院乘坐地铁到这里需要 18 分钟。

埃德温在经典飞蝇绑制网站上刊登的最后一条羽毛出售信息是在 2010 年 11 月 11 日。他发布要“出售一袋混装的羽毛”，还配有一张图片，背景是黑色的帆布，上面整齐地排列着 9 对羽毛。在每对羽毛的下面，他用白色粗体字打印着亚种名称和可购买数量。

那天晚上，埃德温和女友早早便上床休息，因为第二天早上有彩排，他想展现自己最佳的状态。他想加入柏林爱乐乐团的梦想并非遥不可及：他很快就会从世界一流的音乐学校毕业，这使他有机会能参加世界顶级乐团的试演。他已经接到了波士顿交响乐团的试演邀请。他才刚满 22 岁。

2010 年 11 月 12 日一大早，阿黛尔和她的两位同事便从赫梅尔亨普斯特德警察局驱车前往伦敦，他们的 GPS 定位便是长笛演奏者 1988 的住址。如果仅凭这个名字，她会怀疑埃德温是否是她要找的人，因为他只是一个学音乐的美国学生，没有任何前科。但她有他的易贝网交易记录，包括出售奇异鸟类和购买樟脑丸、密封塑料袋、金刚玻璃刀的记录。她知道他参观了特林博物馆，她对此确定无疑。

指针马上就要指向 8 点，埃德温的门铃在这时响起。他已经醒了，准备好去彩排，尽量不打扰正在熟睡的女友。他起初并没有理会门铃，因为没有要查收的包裹，时间也有点紧张。但是现在有人在砰砰地敲门。

“是谁？”他隔着门问道。

“警察，”阿黛尔答道，“请开门。”

在闯入博物馆的 570 天后，埃德温打开了门，瞥了阿黛尔一眼，问道：“出了什么事吗？”

13

栅门之后

阿黛尔告诉他，他们是来调查特林博物馆劫案的，并且有搜查令。听到这些，埃德温当即认罪。他知道他们会找到那些鸟，试图掩饰自己的罪行已毫无意义。

他带他们进了自己的房间，他的女朋友睡眼蒙眬，被眼前的混乱搞得一头雾水。他指了指那些装着剩余鸟皮的大纸板箱。

“我有一些心理问题，”他说，“我沮丧、后悔……我本打算第二天把这些东西放回去的，我很抱歉。”他指着放在角落里的平板电视，告诉他们这是他从皇家音乐学院的留学生之家偷来的，尽管并没有人问起这件事。

阿黛尔的同事拍下了所有那些鸟的照片，因为他将鸟存放在公寓里，而公寓此刻就是窝赃现场。他们将整张鸟皮、小块鸟皮和成袋的羽毛全部装了起来，其中包括一些并非属于博物馆的物品，如延斯·皮尔加德寄给他的那张凤冠孔雀雉皮。他们拔掉他的笔记本电脑电源，扣押了他的相机和护照。

那一刻，埃德温终于抵不住眼前的一切所带来的震惊，突然感觉被掏空。他尽管精心筹划，却从未料想过这一刻。

阿黛尔将他逮捕，带到楼下的警车里。她载着后座上的犯罪嫌疑人和一后备厢的死鸟，驱车前往位于伦敦和特林之间的警察局。警察局位于沃特福德，设有 16 个“拘留室”——或牢房。他们给埃德温拍了面部照片，采集了 DNA，然后将其关在单独的牢房里，等待审问。DNA 检测结果将与犯罪现场发现的血迹进行比对。

牢门紧闭的那一刻，埃德温异常激动。他不知道自己会在这里待多久，甚至无人知道他身在何处。劫案发生后的最初几天，他深感焦虑，担心事情败露，而除此之外，他一直确信自己不会被抓住。但现在他已经被捕，对一切都变得不确定。他会坐牢吗？他的家人会怎样？他在波士顿交响乐团的试演会如何？他未来的音乐家生涯呢？

阿黛尔打电话给特林博物馆的研究员，告诉他们这个好消息。她知道鸟皮需要特别的处理，便将他们叫到警局。这是她职业生涯中的一个重要时刻。她结识了博物馆的工作人员，跟普里斯 - 琼斯博士的关系尤为密切。他使阿黛尔知晓了艾尔弗雷德 · 拉塞尔 · 华莱士的世界，了解了这些鸟皮的科学价值。她对标本价值的全新理解已经超越了金钱层面，这激励着她去破案，而她也做到了，窃贼已经被逮捕。她接下来要做的就是审问，然后移交皇家检察署。鉴于埃德温已经承认了自己的罪行，这起案件便无须审讯，而直接进入判决阶段。

马克 · 亚当斯来到沃特福德，开始辨认每一张鸟皮。埃德温偷走了 299 张鸟皮，其中的 174 张完好无损地在他的公寓里被找回，但不幸的是，只有 102 张鸟皮仍保有标签。

这是一个沉重的打击。只有三分之一的鸟是在科学价值未受损的状态下被追回的。就某些个别物种而言，损失更加令人沮丧。在丢失的 17 只火红辉亭鸟中，有 9 只被找回，但全部都没有标签。在丢失的 47 张印度乌鸦皮中，有 9 张被找回，但只有 4 张鸟皮仍有标签。华莱士收集的天堂鸟皮找回

家艾尔弗雷德·拉塞尔·华莱士。摄
年，距他为期 8 年的马来群岛探险之
后不久。在此次探险中，他收集了超
万枚标本。华莱士独立得出了自然选
仑，而这一理论如今归功于查尔斯·达

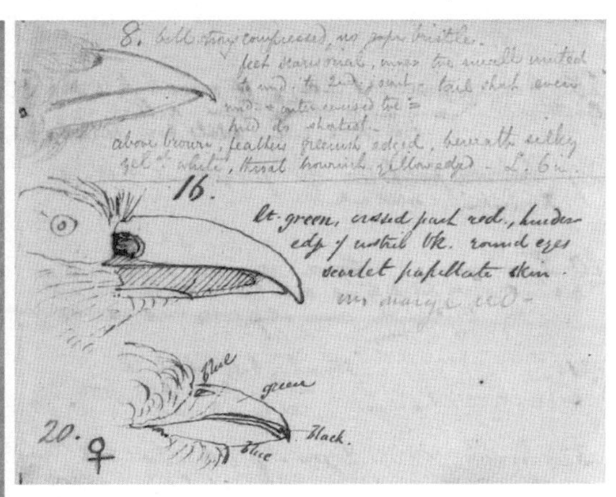

华莱士在标本记录本上绘制的各种鸟喙，包括栗胸地鹃和黄黑阔嘴鸟，绘制时间为 1854 年。

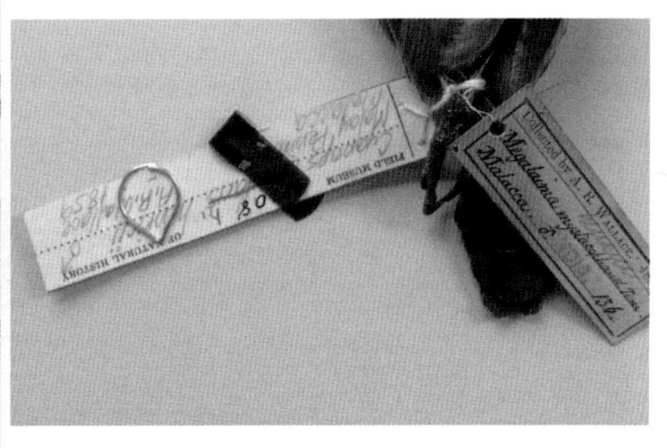

一只附着华莱士手写标签的黄顶拟鴷标本，标签上记录着收集的日期及地点。华莱士不但记录了此类数据，还倡导此类数据的重要性，这使他被誉为生态地理学之父。

红领果伞鸟，如今维多利亚式鲑鱼飞蝇绑制艺术的践行者称其为印度乌鸦。它胸部的黑橙色羽毛
飞蝇绑制圈中众人最为觊觎的。一张博物馆保存级别的鸟皮售价可高达 6000 美元。

辉伞鸟，飞蝇绑制者口中的蓝鸫鹛的 7 个亚种之一。许多鲑鱼飞蝇“秘方”中都需要其绿松石色
羽毛。

一只栖息在阿鲁群岛树梢上的成年雄性大天堂鸟，艾尔弗雷德·拉塞尔·华莱士正是在阿鲁群岛上观看了大天堂鸟的求偶仪式，也因此成为第一位目睹此盛宴的西方博物学家。华莱士曾担心人类想占有此美丽之物的欲望最终会导致其灭绝。但他丝毫没有意识到一股新兴的时尚潮流很快便使猎羽者纷纷拥入这片森林。

凤尾绿咬鹃，另一种羽毛广受飞蝇绑制者青睐的鸟儿。该物种受到国际条约《濒危野生动植物种国际贸易公约》的保护，任何买卖其羽毛的行为均属违法，但易贝网上经常有其成包的羽毛出售。

一位帽子上装饰着整只大天堂鸟的女士，摄于1900年前后。19世纪末，一股“羽毛热”席卷了欧洲和美国各地。这导致26个州的鸟类数量在1883年至1898年间，下降了将近一半。历史学家称这股狂热是地球有史以来，人类对野生生物的最大规模的直接屠杀。

畅销的女性时尚杂志《描画者》1907年1月号的封面。

1912年，1600张蜂鸟皮在伦敦的一场女帽拍卖会上以每张2分的价格出售。在19世纪的最后几十年，仅英国和法国就进口了1.4亿磅羽毛。至1900年，女帽业蓬勃发展，有将近10万纽约人在此行业工作。

1911 年 7 月，人们举着标语在伦敦大街上抗议大规模屠杀白鹭。这是埃米莉·威廉森和伊丽莎·菲利普斯创立的“皇家鸟类保护协会”的一系列活动之一。

约在世纪之交，一些人开始公开
对这种大规模屠杀。这幅漫画来
1988 年出版的《笨拙》杂志，描
了帽子上装饰着一只鸟儿的女人，
面的标题是“物种‘灭绝’，或无
的时尚女郎与白鹭”。这本杂志给
毛时尚冠上了恶名，在英国范围
了重要影响。

在这张 20 世纪 30 年代拍摄的照片上，美国联邦探员摆好姿势与收缴的白鹭合影。在一系列的环境保护法通过后，鸟类保护成了野生动物保护人员与偷猎者之间一场高风险的战役。至 1900 年，1 千克雪鹭羽毛的价格几乎是 1 千克黄金价格的 2 倍。

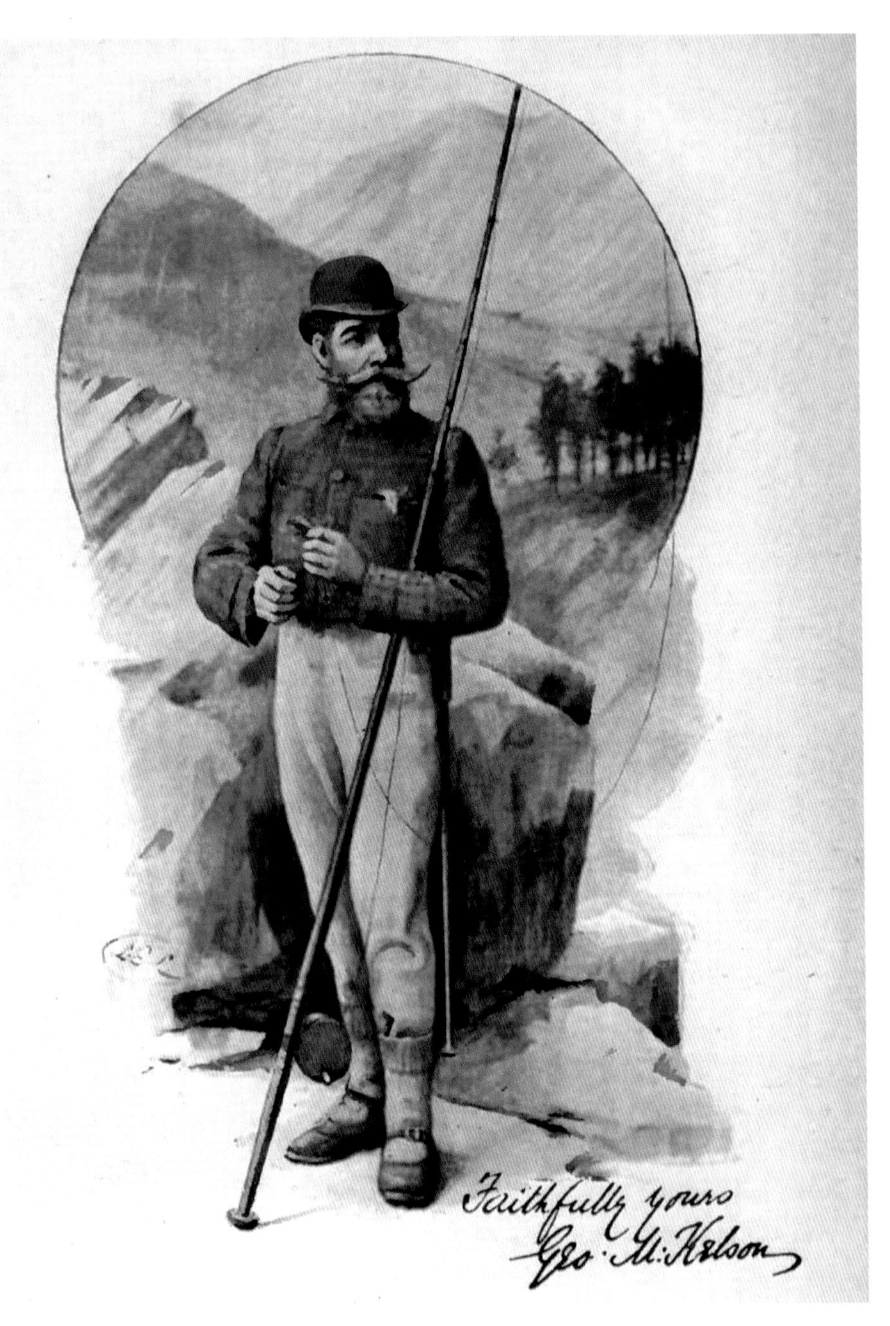

《鲑鱼飞蝇》（1895年）的卷首插画，上面描绘着英国贵族乔治·M.凯尔森。他在其有关飞蝇绑制“秘方”的书中宣扬了一种伪科学，并使这一艺术形式得以推广。凯尔森写道：“有一种高雅的爱好，值得所有杰出之人关注……无论他们是牧师还是政治家，医生还是律师。”

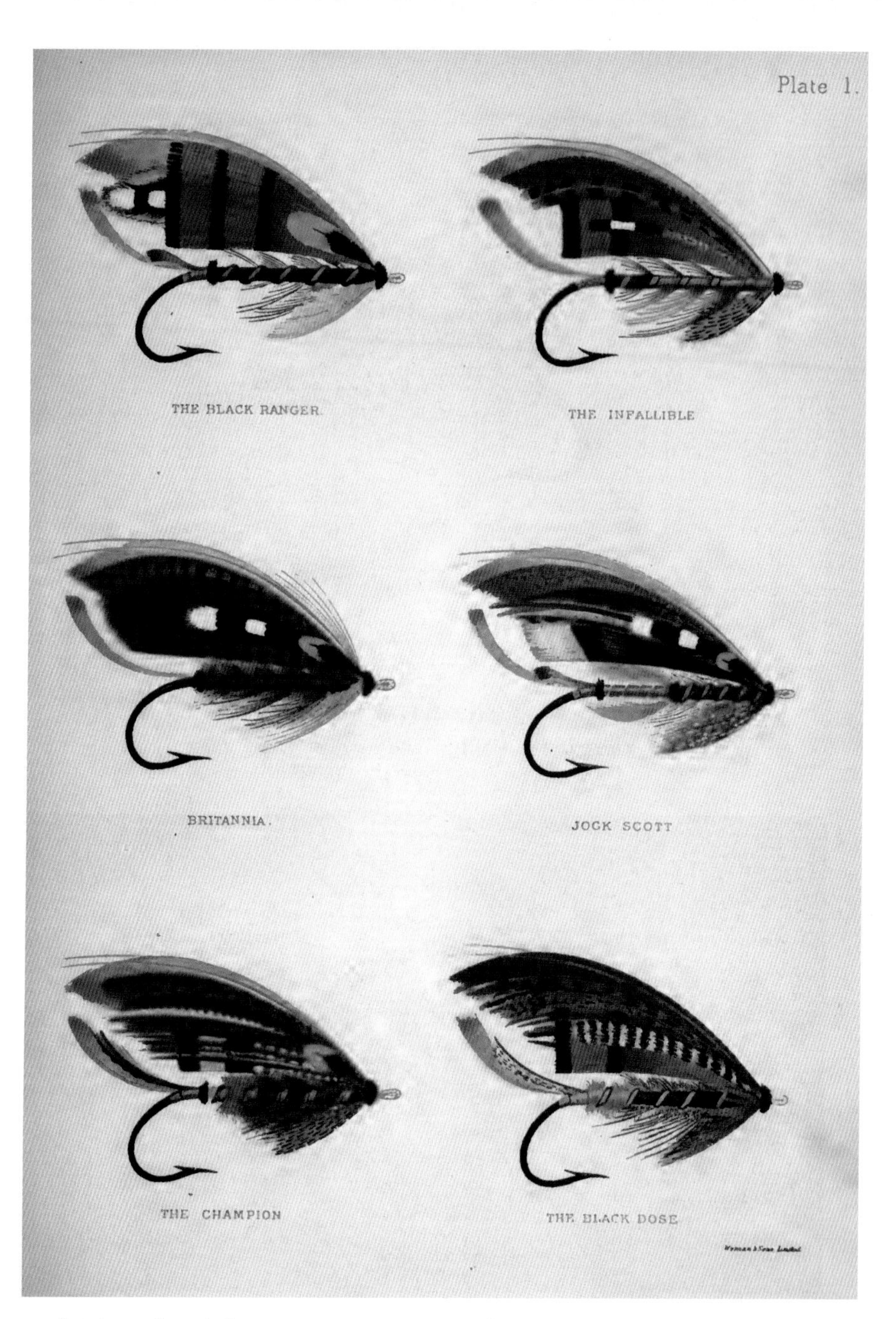

《鲑鱼飞蝇》一书中描绘的 6 种鲑鱼飞蝇，随着这一艺术形式的发展，飞蝇被冠以越发高端大气的名称，如“常胜者”“雷电”和以绑制者命名的“特拉赫恩的奇迹”。

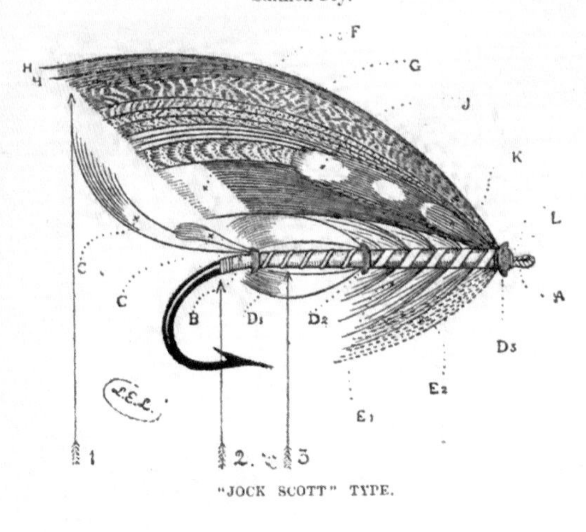

来自《鲑鱼飞蝇》一书中的“解析图”，这张解析图显示了一枚“乔克·斯科特”飞蝇的各组成部分。鲑鱼无法分辨一簇狗毛和一根奇异鸟类羽毛之间的区别，但凯尔森在书中指出稀有昂贵的羽毛对这种“鱼类之王”更具吸引力。

斯潘塞·塞姆按照110年前凯尔森的方法绑制的“乔克·斯科特”飞蝇。斯潘塞·塞姆是我的飞钓指导，他是第一个对我讲述埃德温·里斯特的故事和特林博物馆劫案的人。与众多的飞蝇绑制者不同，他并未非法使用取自奇异物种的昂贵羽毛，而是用火鸡和野鸡等普通猎禽的染色羽毛作为代替品。

爱德华·“马齐”·穆泽罗，他所绑制的维多利亚式鲑鱼飞蝇在“东北部飞蝇绑制锦标赛”上首次引起了埃德温的关注。不久之后，埃德温的父亲便安排私教课程，让埃德温跟马奇学习飞蝇绑制。

埃德温·里斯特，摄于2004年夏天。他正在马奇的指导下学习绑制第一枚鲑鱼飞蝇。

“达勒姆游侠”，这是埃德温根据乔治·凯尔森1840年的方法绑制的第一枚鲑鱼飞蝇。埃德温使用的是廉价的替代羽毛。但在课程结束时，马奇递给他一个小信封，里面装着价值250美元的珍稀羽毛，并低声对他说：“这才是奥秘之所在。”

莱昂内尔·沃尔特·罗思柴尔德勋爵出身于一个富有传奇色彩的银行家家庭，但他被自然世界所吸引。到20岁时，他已经几近痴迷地收集了超过4.6万件标本。在他21岁生日时，他的父亲在伦敦郊外特林庄园的罗思柴尔德宅邸一角给他建造了一座私人博物馆。1937年，罗思柴尔德去世后，他的博物馆被遗赠给了大英自然历史博物馆。

如今的特林博物馆拥有世界上规模最大的鸟类收藏。2009年6月的一个深夜，20岁的美国长笛演奏家、英国皇家音乐学院学生埃德温·里斯特破窗而入后，犯下了有史以来最严重的一起标本窃案。

特林博物馆存放标本柜的走廊内部，劫案发生当晚，埃德温穿过的便是这样的走廊。

存放在特林博物馆标本柜托盘中的赤红山椒鸟。埃德温在几个小时内，将行李箱中塞满了来自16个物种和亚种的鸟儿。他只挑选那些羽毛艳丽的成年雄性标本。

特林博物馆呼吁公众提供失窃案线索的新闻稿上，包括这张成为窃贼目标的鸟类物种照片：红领果伞鸟、凤尾绿咬鹃、伞鸟、天堂鸟，其中有几只是艾尔弗雷德·拉塞尔·华莱士收集来的。

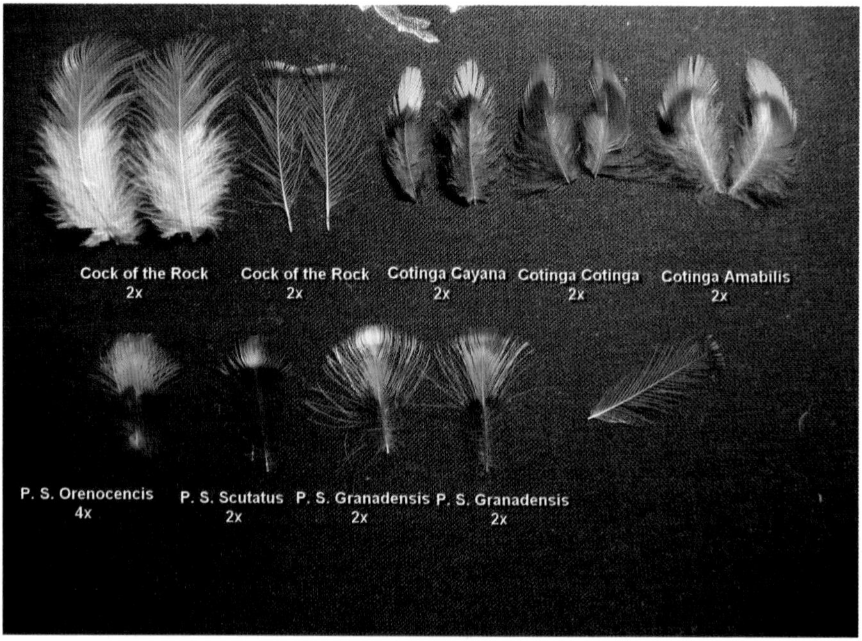

在16个月的时间里，埃德温通过自己的个人网站和广受飞蝇绑制者欢迎的在线论坛——经典飞蝇绑制网站，在易贝上出售偷来的羽毛和鸟皮。这包“混装”羽毛是从被盗鸟类上拔下来的，包括印度乌鸦和蓝鹟鹛的几个种类和亚种。被捕的前一晚，埃德温在网站上发帖出售这袋羽毛。

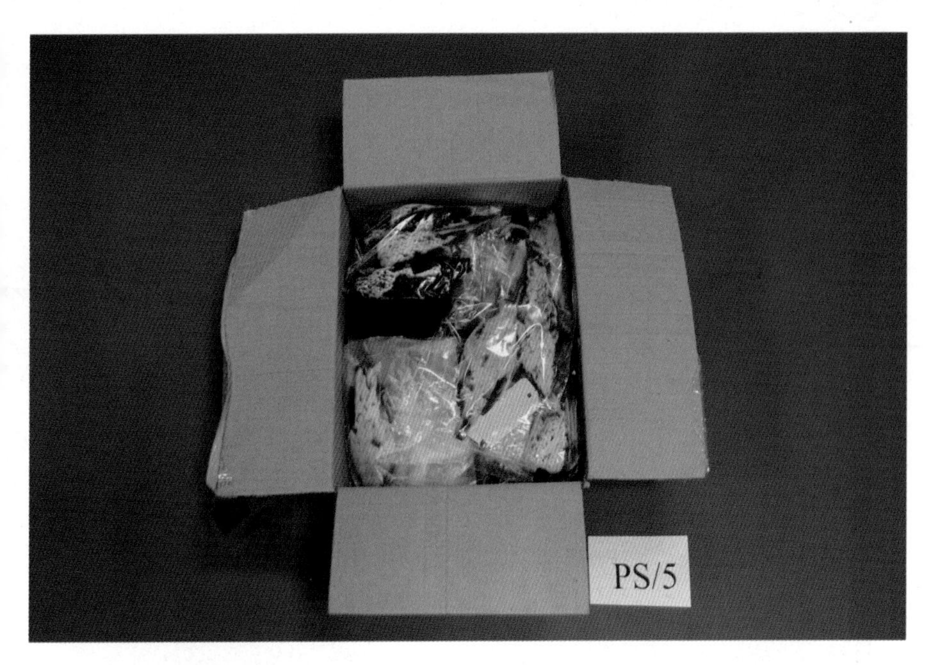

一箱保存在密封袋中的伞鸟皮，它们是 2010 年 11 月 12 日早上，在埃德温的公寓中找到的。研究员们失望地发现，其中的许多标本已经没有标签，这意味着它们已无科学价值。

警方查获的 12 只凤尾绿咬鹃，其中一些鸟的尾部羽毛已经被剪掉。警方还缴获了数百根尖部呈绿色的闪亮羽毛，这些羽毛被装在袋子里，打算在易贝网或论坛上出售。

得到线索将埃德温逮捕的警长阿黛尔·霍普金，特林博物馆的鸟类高级研究员马克·亚当斯，赫特福德郡警局的警督弗雷泽·怀利（从左至右），以及追回的一些鸟皮。

埃德温·里斯特，22岁，于2010年11月26日，来到赫默尔亨普斯特德治安法院，出席他的首次量刑听证会。检察官称地方法官的量刑权不足以处理如此严重的罪案，随后此案被移交刑事法院。

图中展示了奢靡的奇异羽毛，包括印度乌鸦、蓝鸫鹛、凤尾绿咬鹃、公原鸡、大眼斑雉和红尾黑凤头鹦鹉。飞蝇绑制者经常展示他们的材料，这种展示有时被称为“羽毛色情盛宴”。

一系列“印度乌鸦”飞蝇，它们被放在印度乌鸦的胸甲上，而绑制这些飞蝇的羽毛就来自这些胸甲。这其中有魁北克人吕克·库蒂里耶绑制的飞蝇。这位飞蝇绑制高手是第一位极力建议埃德温参观特林自然历史博物馆的人。

来自1984年的“惠特利8号飞蝇”的彩色插图，这枚“1984年”鲑鱼飞蝇需要用王天堂鸟和凤尾绿咬鹃的羽毛绑制。

阮隆绑制的一对“惠特利8号飞蝇”，他是挪威
尖的飞蝇绑制者之一。

正在绑制“索恩代克”飞蝇的阮隆，这枚飞蝇是针对挪威中部地区的河流而设计的。

了 3 张，但全部都没有标签。（华莱士手写的两张标签是在埃德温公寓里发现的仅有的被拆下的标签。）在丢失的 37 张王天堂鸟皮中，只有 3 张在找回时仍有标签。

这些仅是整张鸟皮的情况，还有一堆密封袋。里面装着整根的羽毛或分割成小块的胸部、背部、冠部和颈部皮毛。要辨认其所属的物种和亚种极具挑战，而更令人崩溃的是，这最终毫无意义：这些鸟类碎片已不具科学价值。

几个小时后，阿黛尔将埃德温带到审问室，问他是否需要找律师。埃德温认为如果他合作，事情或许就会平息，于是他放弃找律师的权利，供认了罪行。他不假思索地说出了那些购买鸟皮者的名字——延斯·皮尔加德、安迪·伯克霍尔特、戴夫·卡恩、莫蒂默等——以及他们的购买金额。说出这些人的名字并没有令他感到特别愧疚——信任他是他们咎由自取。

到此时为止，阿黛尔的同事们已经仔细审查了埃德温的邮件、网络聊天记录和笔记本电脑上的其他文件。他们想弄清楚还有谁参与了这起盗窃案。

有谁指使他这样做吗？她问埃德温。在盗窃案发生之前，他跟不同的飞蝇绑制者有过邮件往来，阿黛尔将这些人的名字都问了一遍，但他一再坚持，他是独自行动的。

在审问期间，一只苍蝇从屋顶通气管上掉下来，落在阿黛尔的记事本上。

“天哪！这是一只苍蝇吗？”她大声说道，将苍蝇从本子上弹开。苍蝇被弹过桌面，落在埃德温旁边。他迅速将它扣在了一杯水的下面。

大约一小时后，阿黛尔得到了她需要的信息。她给了埃德温一张纸，上面写着逮捕条款及庭审日期，并将他释放。埃德温甚至搞不清发生了什么。

他对自己在警局的遭遇感到既气愤又困惑。他在牢房里的这一天受尽煎熬，而得到的却只是一张庭审通知。

他在沃特福德街头徘徊，试图辨明方向。他不明白他们为什么不给他戴上脚环来监视他的行踪。这时，他脑子里闪过一个念头：我可以一走了之！

14
在地狱里腐烂

埃德温回到了威尔斯登格林区的公寓，他知道他不能就这样一走了之。他无法通过希思罗机场的安检，霍普金警长已经扣押了他的护照。他鼓起勇气，打了一通电话，他知道他必须这样做。

他的母亲接听了电话。他开始意识到这桩罪行会给家人带来巨大影响，因此向母亲坦白比关在牢房里的时光更加煎熬。安东这年秋天就要去朱利亚德音乐学院学习，当他得知正是自己的哥哥偷了特林博物馆的鸟时，他放声痛哭。埃德温能听到他在电话里哭泣。这都是咎由自取。说抱歉已于事无补。

在经历了最初的惊愕之后，谈话的焦点转向更实际的问题——怎样使埃德温免受牢狱之灾。他们需要找一位律师，搞定律师费。他的父亲想找到、购买并归还尽可能多的失窃鸟皮，希望这能对儿子有利。他的母亲将及时飞往伦敦，参加儿子两个星期后的首次出庭。

发生了这等大事，他的世界理应随之崩塌，或至少应该重新调整以应对这一事件。但在最初的几天里，除了埃德温的家人，周围人都不知道发生了什么。被捕后的第二天早晨，他参加了彩排，和同学们一道演奏了交响乐。但在排练时，他满脑子想的都是自己可能被驱逐出境，这意味着他将无法毕业。

距离毕业只有 6 个月的时间。如果他未能获得学位而离开英国，他所有的努力都将付诸东流。最负盛名的管弦乐队中那些令人垂涎的职位也将从他的指尖溜走。当然，他还有更迫在眉睫的事情需要担心：毕竟，他认罪的这起盗窃案不是小偷小摸——那些鸟价值百万美元，他还违反了各种保护濒危物种的国际公约，这些公约在全世界范围内禁止贩卖鸟皮和羽毛。

要逃过此劫，他需要一名极其优秀的辩护律师。

***

2010年11月26日，埃德温第一次在赫默尔亨普斯特德治安法院出庭，他拖着脚步走进了法庭中央为被告人准备的大玻璃箱中，承认犯有盗窃罪和洗钱罪。而此时他的母亲和几位朋友则坐在旁听席上。

英国所有的刑事案件都首先交由治安法院审理，治安法院通常处理超速、酗酒闹事和妨害治安等轻微的违法行为。但埃德温一案的检察官持有认罪证明和阿黛尔在其公寓发现的一堆证据，他认为地方法官的量刑权不足以处理如此严重的罪案。

埃德温的律师安迪·哈曼（Andy Harman）为了争取宽大处理，将其当事人的行为描述为年轻人的异想天开，是一时冲动犯下的错误。他还将埃德温描述为一个天真诚挚的孩子，由于痴迷于飞蝇绑制和詹姆斯·邦德（James Bond），他才开始对闯入博物馆抱有“极端幼稚的幻想”。他说当事人只用了几周的时间策划这起盗窃案，并指出他逃跑时乘坐的是火车，闯入时，也没有使用“特殊的工具”，“他甚至没有带照明设备”——手电筒。“据说，他在四处走动时，使用手机照亮，”他补充道，虽然这种说法并不属实，“这是一起极其业余的盗窃案。”

法官不为所动，接受了检察官的请求，将此案移交刑事法院（相当于美国的高级法院）审理。

英国媒体对这则轰动一时的新闻进行了广泛报道，其力度远超当初特林博物馆要寻回鸟皮的呼吁。英国广播公司播报道：“长笛演奏者承认偷盗了 299 张珍稀鸟皮。"《每日邮报》报道称："音乐家上演'詹姆斯·邦德'狂想曲，从自然历史博物馆偷走了'价值数百万'的珍奇鸟皮。"[尽管提到了 007，但英国媒体忽略了，伊恩·弗莱明（Ian Fleming）是无意中发现了一本《西印度群岛鸟类》（*Birds of the West Indies*）之后，才为其笔下的侦探命名的，而这书的作者就是美国鸟类学家詹姆斯·邦德。]

仅仅几个小时之后，这则新闻便登上了论坛。在飞蝇绑制论坛上，有人发布了一篇有关这次逮捕的文章，标题是《偷盗珍稀羽毛的窃贼被捕……令人震惊的是，他是我们中的一员》。在飞蝇钓网站上，一名用户写道："如果里斯特有罪，我希望他被判刑，然后被驱逐出境，他的羽毛和飞蝇收藏应该被没收，拿去焚烧。"另外一个人认为埃德温或许是清白的，他回复道："警察最终能逮捕罪犯是件好事，但此案远未终结。对此人的指控尚未得到证实，在论坛上给他定罪就是篡夺法庭的职能。"

然而，飞蝇钓网站上的一位发帖者十分了解埃德温，他就是特里。几年前，他曾在他负责的布里斯托飞蝇绑制协会上招待过埃德温，他写道，"埃德温是一位极具天赋的、世界一流的飞蝇绑制者，同时也是一位才华横溢的音乐家，听闻他一步步毁了自己的人生"，他感到"极其震惊"。

在羽毛地下组织的核心——经典飞蝇绑制网站上，一名用户发布了一个关于此次逮捕事件的文章的链接。在网站管理员巴德·吉德里将其删除之前，这篇帖子已经有 85 条评论，浏览量达 4596 次，是此网站有史以来最高浏览量之一。

这些绑制者因埃德温提供的源源不断的珍稀材料而感到欣喜若狂，如今同样是这些人，在得知这名大学生是如何获得这些材料后，便感到义愤填膺。安东很快就在评论中为他的哥哥辩护，称那些评论是“不负责任的指控”。但安东越是坚称这些文章没有还原整个故事，便有更多的人进行攻击。最终，他请求吉德里将帖子删掉。2010 年 11 月 29 日，即在埃德温首次出庭后的 3 天，吉德里宣布：

> 出于某些不便言明的原因，所有关于鸟类失窃的帖子都已被删除。现在希望所有成员能遵守规定，不再就此话题发布任何帖子，对此我将不胜感激。
>
> 谢谢。
>
> 管理团队

底特律退休侦探约翰·麦克莱恩对自己的网站进行了更新，他之前曾在网站上写道：“你从前或许没听说过里斯特兄弟，但你今后一定会听说。”埃德温也是从他这儿购买的第一批羽毛。

“埃德温的行为是不可宽恕的，我真的无法理解他为何会这样做，”麦克莱恩写道，“广大的鲑鱼飞蝇绑制者不应为此而‘背黑锅’，这个群体与此事毫不相关。或许有一两个人在事后故意帮忙，我真诚希望有关当局能妥善处理，99.99% 觊觎这些羽毛的飞蝇绑制者都与我一样震惊。”

麦克莱恩无疑知道他是圈中的公众人物，任何在谷歌上搜索“埃德温·里斯特”的记者都会找到他的网站。他与巴德·吉德里一样，想竭尽全力确保特林博物馆劫案不会玷污飞蝇绑制者的集体声誉，责任应由埃德温一人承担。

吉德里开始删除所有跟这桩罪案相关的信息。或许预料到官方会加大审查力度，他还删除了论坛交易平台上许多非法销售记录，这意味着在谷歌中将搜索不到这些信息。除非有每篇帖子特定的统一资源定位符（URL），否则它们是无法恢复的。

埃德温仍是论坛成员，他目睹了自己认识近10年的人所做的恶毒评论。他从前的一些朋友、导师和客户都在说，由于他的所作所为，他应该在地狱里腐烂。

2011年1月14日，埃德温一案在距伦敦以北一小时车程的圣奥尔本斯刑事法院开庭宣判。

在向埃德温的律师彼得·达尔森（Peter Dahlsen）发出连珠炮似的问题前，法官斯蒂芬·吉利克（Stephen Gullick）要求埃德温表明自己的身份。

就辩方提供的文件，法官问道："你是否请求本审判庭采取某种心理健康途径的介入？"

"我当然希望法庭能考虑不立即拘押的判决。"达尔森答道。

"这不是我问的问题。"吉利克法官厉声说道。

"我知道这不是您的问题。"

"这是在玩文字游戏，"法官说，"你是否在寻求某种涉及心理健康形式的处理方式，尽管可能只是在社区层面的心理咨询。"

"是的。"达尔森答道。

如果埃德温的判决围绕心理健康辩护展开，法庭便需要专业的评估。达尔森说他想到一个人，但要安排一次心理分析可能需要几周的时间。他们的对话结束后，法官转向埃德温。

“埃德温，我们就等一段时间。你必须在 2 月 11 日重返法庭，我希望那天你的案子能得到判决。”

“我将此案延期再审的唯一目的，就是想看看是否能形成一些有关心理健康问题的建议，可供我参考，但我必须让你明白，我给你和你的律师机会，并不意味着我一定会采纳这些建议。”

15
诊断

在心理测评中，埃德温盯着面前的一堆表格。其中一个表格给出了一长串的陈述，让他就自己对此的反应从 1（完全同意）到 4（完全不同意）之间进行选择。这些陈述包括：

· “我喜欢一遍又一遍地用同样的方式做事。”
· “我为今天而不是为未来而活。”
· “我觉得编造故事易如反掌。”
· “我不喜欢冒险。”
· “当我讲电话时，我拿不准什么时候轮到我讲话。”

他究竟该如何回答“我永远不会触犯法律，无论罪行多么轻微”呢？“不是十分同意”？

对埃德温进行观察的这个男人身材消瘦、头发稀疏，操着一口优雅的伦敦音。他透过金属边框眼镜注视着埃德温，观察他的言谈举止。“抱歉，我是不是让你觉得不自在？”他问道。

“嗯……是吧？”埃德温答道。

这个男人就是西蒙·巴伦 - 科恩（Simon Baron - Cohen）博士，他是剑桥大学自闭症研究中心的主任，也是英国自闭症与阿斯伯格综合征领域的权威。他还是喜剧演员萨夏·巴伦 - 科恩（Sacha Baron - Cohen）的表兄，萨夏扮演了影片《波拉特》（*Borat*）中的著名角色。法律辩护团队会

偶尔找到巴伦 - 科恩，让他对当事人的精神状况进行评估，并撰写专业报告。他为 2001 年侵入五角大楼计算机系统的苏格兰人加里·麦金农（Gary McKinnon）进行了诊断，其诊断结果成为英国政府拒绝美方引渡请求的依据，理由是美国监狱无法为其提供适当的照料。正是麦金农事件促使阿斯伯格综合征辩护这一说法的产生。

鉴于埃德温谈论盗窃事件的态度——他不认为把鸟从博物馆盗走是多么严重的事情并且他从未想到会被捕——他的律师认为他的行为或许可以用某种形式的自闭症来解释。现在，巴伦 - 科恩肩负着鉴定埃德温是否患此病症的责任。

埃德温填好问卷后，与巴伦 - 科恩聊起了飞蝇绑制、自己的童年、自己未来的目标及论坛上所有有关他的可怕言论。巴伦 - 科恩用印有剑桥大学校名抬头的信纸写了一份长达 4 页的报告，呈交给法庭。巴伦 - 科恩以赞赏的态度谈论了埃德温的爱好，称他将“飞蝇绑制带到了一个新的艺术高度，他从艺术和历史的角度，深深沉浸于这项活动”。

这份报告包括一张埃德温所绑制的飞蝇的照片，这枚飞蝇被称作“绿色高地蝇”。“他向我解释每根羽毛的独特之处，”巴伦 - 科恩写道，“以及他对了解每根羽毛的特性的极大兴趣。”这枚飞蝇的式样已沿用百年，需要用到鸵鸟、夏鸭、天鹅、大鸨、孔雀、锦鸡、野鸭、公原鸡和蓝黄金刚鹦鹉的羽毛，最重要的是需要印度乌鸦的羽毛。这位医生显然并不知晓，其中的一些鸟受到国内及国际资源保护法的保护。

巴伦 - 科恩在法庭上强调，“他的作案动机并非是金钱”。埃德温向这位教授讲述了凯尔森和维多利亚时代的辉煌，那时，码头工人在伦敦附近的港口卸下一船船奇异的鸟皮。他说他拿走这些鸟只是为了“重塑第二个黄金时代”，并且他梦想着用偷来鸟类的照片创作一本有关飞蝇绑制的书。巴伦 - 科恩称，驱使他的不是贪婪，而是对“飞蝇绑制‘强迫症似的’兴趣”，这使他“过度关注这种艺术形式（及其所有复杂的细节），以至于形成了一种典型的‘管状视野’，他只能想到材料和渴望绑制的作品，而考虑不到自己或他人所需承担的社会后果”。

从这个角度来看，“闯入博物馆似乎完全符合逻辑”，巴伦 - 科恩写道，“他觉得自己做错的唯一一件事就是打破了窗子……他并未意识到自己拿走鸟类标本有什么错，他当然也从未想要搅乱这个专门绑制飞蝇的圈子，他本身也是这个圈中最受尊崇的国际艺术家之一。”巴伦 - 科恩在报告中写到埃德温“现在明白，他辜负了他们的信任，令他们感到不快，但当时他根本就没有意识到这一点”。埃德温并未预料到那些飞蝇绑制者或许会感到气愤，甚至因受到罪案的牵连而对他进行公开谴责。在这位精神病理学家看来，这符合阿斯伯格综合征的症状。

这位教授详述了阿斯伯格综合征患者所面临的主要挑战——交友困难或在社交场合难以领会暗示。随后，他写到阿斯伯格综合征“也使个体难以遵从社会规范，容易由于无视社会规范或做出糟糕的决定而触犯法律”。

巴伦 - 科恩告知法庭，“埃德温也面临所有这些问题”，并补充道这位学生诊断表格上的分数与“这一诊断十分吻合，他表现出了所有的症状：过分关注小细节（这也是他在飞蝇绑制、音乐和摄影等方面天赋的基础），并且在社交方面有理解上的困难”。

巴伦 - 科恩总结道：“被捕；作为一名真正的艺术家及世界飞蝇绑制圈的佼佼者，其名誉的严重受损；圈内及警方给他的反馈和媒体对此罪案的负面报道；都给他带来极大的震撼和深刻的教训，因此他未来不会再犯类似的罪行。”他建议埃德温应该接受心理咨询。

他还认为，埃德温最好继续他的爱好。他写道：“从治疗角度而言，我鼓励他不要退出飞蝇绑制圈，也不要放弃长久以来想写一本有分量的学术性书籍的愿望，他应该完成写作计划，并在其中包括自传性的一章，解释他未确诊的（阿斯伯格综合征）如何使他犯下了如今后悔不已的罪行。”

在初步庭审时，吉利克法官曾明确表示，对埃德温心理健康的分析，并不一定意味着从轻判决。但如今他们手握知名权威开具的阿斯伯格综合征诊断书，埃德温的律师开始想办法让法官就范。

16

辩护——以阿斯伯格综合征之名

法官步入法庭，全体起立。那天是 2011 年 4 月 8 日，巧合的是，这一天也标志着皇家音乐学院春季学期的结束。法官的判决可以让埃德温于几个月后顺利毕业，也可以让他在当天下午就拖着镣铐被带走。他所犯罪行的最高刑期会让这个 22 岁的年轻人在监狱里待到三十出头。

皇家检察署的检察官戴维·克赖姆斯（David Chrimes）知道阿斯伯格综合征的诊断结果，但他仍对自己的论据充满信心。在他看来，埃德温似乎完全知晓自己行为的后果，应当依法进行判决，而不应对巴伦 - 科恩的报告加以特殊考虑。

巴伦 - 科恩认为埃德温是为了艺术而犯罪，而克赖姆斯并不认同这一观点，他强调其“犯罪是为了经济收益”，不是冲动而为，是精心策划的。他摆出了 27 件确凿证据，涵盖了从盗窃案的策划安排到埃德温的电脑和公寓里所发现的一切。他逐一陈述了阿黛尔发现的事实。2008 年 11 月 5 日，在盗窃案发生的 7 个月前，埃德温假借他人名义参观了博物馆，他“以帮助另一名研究者”为名，假扮成拍照者。他不仅拍摄了鸟皮的照片，还“拍摄了博物馆周围的区域，包括道路、窗户和围栏。这实际上表明，被告人在那一阶段已经在谋划他进入和逃出博物馆的路线”。他们在他的电脑里发现了一个文档，日期是 2008 年 7 月 4 日，标题为“博物馆入侵计划”。

检察官将法官的注意力转移到阿黛尔的讯问笔录上，在笔录中埃德温“解释道他用这笔钱买了一支新笛子”，还说他“欠有学生贷款……他的父母在美国也有经济困难”。检察官称“甚至在他的询问中，被告也承认经济因素是作案的重要原因”。随后，克赖姆斯将埃德温与其室友在2008年8月30日的网上聊天记录递交给了法官。在聊天记录中“被告人谈到了——我做以引用——‘一个通过从大英自然历史博物馆偷盗鸟来筹集资金的计划’”。这类诉讼案不需要在法庭上哗众取宠：只需不断积累足以定罪的信息。

一位长笛手从古老的博物馆里偷了一些鸟，并将其卖给一群痴迷者，这群人对这种过时的维多利亚艺术形式如痴如狂。这起案件如此离奇，克赖姆斯一定是怀疑这会使法庭低估其严重性，因此，他宣读了科学部主任理查德·莱恩博士提交的一份报告，莱恩将这起罪行描述为“一场灾难性事件，不仅给英国造成了损失”，还给全球的“知识、遗产”带来了损失。

莱恩博士在报告中谈到了寻回鸟皮的损毁情况（标签已经被剪掉）及那些仍然下落不明的鸟皮。他解释道那些鸟皮已有200年的历史，研究者们已经无法再次进入丛林，搜集新的标本来取代它们——它们的科学价值很大程度上源于其久远的历史。它们是一个逝去时代的归档文物。埃德温偷走了它们，就是在“窃取人类知识”。

莱恩在自然历史博物馆工作已经超过42年，在过去的几个月里，他旁听了数小时的诉讼，等待着法律的公正裁决，却只目睹了量刑听证会被一再推迟。现在终于等到时候了，尽管检察官提醒说，在法庭上“事情并不总是如你所料，遵循自然公正的原则”，但他仍很乐观。

埃德温坐在被告席上，试图保有一丝尊严。毕竟，他和他的父亲给许多客户发了信息，曾试图寻回一些鸟，但这点未被提及。克赖姆斯的发言仍在继续，不利于埃德温的证据也在不断增加，这使他觉得自己最基本的自我意识受到了攻击。检察官将他说成了一个恶魔。

“这儿有一份技术情报中心的报告要给被告看。”克赖姆斯说道。他指的是皇家检察署希望在判决中予以考量的另一条信息：埃德温从皇家音乐学院的公共休息室里偷了一台电视机。

在埃德温承认后，法官同意对此信息予以考量，检方陈述结束。

吉利克法官保持法庭高效运转，他转向了埃德温的律师：“达尔森先生，我已经阅读了大量文件。”

达尔森提供了一沓文件以供法官考量。鉴于其当事人已经认罪，律师的目的在于减轻刑罚。除了巴伦 - 科恩的诊断，他还收集了对这位年轻长笛手有利的文字证明，这些证明分别来自埃德温童年的导师——美国自然历史博物馆的戴维·迪基，他的第一位维多利亚式鲑鱼飞蝇绑制指导——爱德华·穆泽罗，第一位传授埃德温寻找珍稀羽毛窍门的人——羽毛麦克网站的经营者约翰·麦克莱恩，以及最初极力建议埃德温参观特林博物馆的人——吕克·库蒂里耶。

但法官似乎对这些参考资料不是特别感兴趣。他想谈谈英国一起类似案件的判决先例。辩方用这起案件引起了法官的关注，希望法官将其作为参考，做出公正的裁决。尽管检方给出了许多确凿证据，证明这一犯罪行为有预谋且以经济收益为目的，但辩方只用了 90 秒和一个判决先例便掌控了庭审局面。辩方所做的只是提到吉布森诉讼案。

法官说：“在我们进一步讨论之前，据你所知，吉布森一案大概是法律体系中唯一涉及阿斯伯格综合征的案件吧？”

“是的。”达尔森回答。

“嗯，在我看来，这起案件和那起案件没什么不同。”法官说。

“是没什么不同。”达尔森附和道，“我可以详细陈述一下，法官阁下——”

“我当然知道你可以。”

“如果法官阁下想让我陈述。或者如果法官阁下——”

“好了，”法官打断了他的话，“这样说吧，如果我采取一种看法，我不知道有哪些报社在场，但如果某些报社认为这位年轻人应该被永远关起来……我认为上诉法院或许会持不同意见。”

“是的，我完全同意，法官阁下。”达尔森答道，他一定喜不自胜，因为那天在踏入法庭之前，他就已经知道胜券在握。

吉利克说道：“相较埃德温的所作所为，吉布森一案的犯罪事实更加令人震惊。”

***

10 年前的 2000 年 12 月，21 岁的西蒙·吉布森（Simon Gibson）和他的两个朋友潜入了位于布里斯托市中心的阿诺斯维尔公墓。该公墓建于 19 世纪初，就位于埃文河南岸。在公墓的入口附近隐约可见一座拱形纪念碑，这座纪念碑建于 1921 年，是为了纪念在第一次世界大战中阵亡的 500 名军人。纪念碑的巴斯石上深深地刻着一行字，“光荣殉难者公元 1914—1918”。

吉布森和他的朋友蹑手蹑脚地走过纪念碑，在一个大墓穴前停住脚步。墓穴的门被一把挂锁牢牢锁住，吉布森用锤子将挂锁砸断。墓穴里有 34 副 19 世纪的棺材。每副棺材前都挂着一块铭牌，上面刻着死者的名字。

他们原本只是打算四处逛逛，但他们看到了一个破损的坟墓，便将石头移开，撬开棺材，偷走了一具头骨和一些椎骨。出来时，他们用一把新挂锁锁住了墓门，这是吉布森为此特地买的。回到公寓后，他们将头骨放在漂白剂里漂洗，再用水管在花园里冲洗，并用椎骨做了一条项链。

第二次去时，他们带了一根撬棍，打开了另一副棺材，发现尸体还未完全腐烂，便没有碰那具尸体。但在出来的路上，他们顺手牵羊，拿走了一个纪念花瓶。

第三次去时，他们带上了酒、蜡烛和照相机，举行了一个派对。他们一边豪饮，一边在墓穴里拍照，与死者合影。在其中一张照片上，吉布森高举着一个头骨，它就像《哈姆雷特》中可怜的约里克（Yorick）。

他们将胶卷带去布里斯托的布罗德米德购物中心冲洗，在出来时不小心掉了几张照片。一名保安发现了这些照片，通知了警方。警方出其不意地来到吉布森家，发现了人体残骸和摆在餐桌中央的花瓶。

刑事法院的法官判处主犯吉布森 18 个月监禁，称他的行为“冒犯了公众，亵渎了死者”，他的朋友们被判处更轻的刑罚。埃德温的律师援引这起案件，不是因为审讯时所发生的一切，而是因为吉布森的上诉结果。

事实证明，吉布森被诊断出患有阿斯伯格综合征。上诉法院的法官将吉布森对头骨的痴迷描述为几近难以自控——看到打开的棺材就仿若看到“吉百利工厂里任人随意享用的巧克力”。他认为刑事法院的法官犯了一个错误，他在对这个年轻人进行判决时，并未将诊断结果纳入考量。

吉布森和他的朋友两天后被释放。

吉利克法官宣布休庭，回到办公室进行裁决。

他于下午 4：05 回到法庭，埃德温立刻站了起来。

“埃德温·里斯特，你可以坐下了。”他开口道。

“你今年22岁，无犯罪记录，是一位极具天赋、才华横溢的音乐家，目前就读于皇家音乐学院。你十几岁时便是一位才气过人、享誉国际的飞蝇绑制者。2008年11月，你通过欺骗手段获准进入特林自然历史博物馆拍摄标本。你利用所获信息，于2009年6月23日至24日凌晨侵入博物馆的一个区域，盗走了299张鸟皮。毫无疑问，你盗走它们是为了经济收益，但主要为了使用这些羽毛绑制飞蝇。

“这些鸟的丢失是世界范围内的自然历史灾难。无论就其经济价值还是科学价值而言，它们都是极其珍贵的标本。在很多情况下，它们都是不可替代的。”

法官随后引用了巴伦-科恩的报告，报告称埃德温“在关键时刻，遭受阿斯伯格综合征之苦，而这正是他犯罪行为背后的推动力”。

“公众或许会认为，如此严重的罪行完全应该判处长期监禁，”吉利克法官继续道，“然而，我参考了近10年前，上诉法院对吉布森一案的判决，这起案件对我评估法院应如何处理阿斯伯格综合征的诊断有重要帮助。”

法官接着逐字宣读了吉布森一案判决书中的五段话。“我大段地宣读这起案件，不仅是为了帮助你们，也是为了帮助公众，还为了帮助那些或许会读报纸的读者理解我为何会采取这种做法。”

“吉布森先生的案子，”他继续说道，“就他的强迫症行为而言，与这起案件并没有什么不同。”在即将判决时，吉利克解释道吉布森一案使他陷入了进退维谷的境地：“一方面，即使不考虑你所盗物品的珍贵性，仅考虑其现金价值，你就应该被判以重刑，如果我这样做，公众无疑对我大加赞扬；

而另一方面，鉴于上诉法院在吉布森一案中表现出的态度，我认为他们会对我进行严厉批评，在吉布森一案中他们已经表明，主审法官在面对此综合征患者时，所应采取的处理方法。”

他转向埃德温：“现在能做的就是尽力支持你，并努力确保这种行为不会重演。”

然后，法官下达了判决：12 个月监禁，缓期执行。只要埃德温在这段时间里没有再次犯罪，他就一晚也不用在监狱中度过。

17

失踪的鸟皮

飞蝇绑制者对埃德温的判决反应不一，有人怒不可遏，有人困惑不已，还有人刻意保持沉默。“以阿斯伯格综合征之名辩护？？？滚蛋吧，伙计……这是精心策划的。”一位飞蝇绑制者写道。一位澳大利亚的绑制者因埃德温轻易逃过法律制裁而感到震惊：“如果我赢得研究员的信任，偷盗博物馆，再将东西卖掉，之后我只需要铲一下（拘留的俚语）。”“即使他不用坐牢，也应该支付巨额罚金，并被驱逐出境。”特里对埃德温的阿斯伯格综合征诊断表示怀疑。这位年轻的绑制者在他负责的布里斯托飞蝇绑制协会上进行示范表演时，“丝毫没有表现出任何能让人能联想到此综合征的症状”，他写道。

相较之下，埃德温所在的音乐学院对此的反应则是缄默不语。在诸如皇家音乐学院这样的精英学府中，不同程度的不良行为或许会导致一名学生被开除，但偷盗科学价值连城的鸟皮不在其中。埃德温不但会毕业，还将于 6 月 7 日飞往德国进行管弦乐队的试演。他简直不敢相信自己的运气。

6 月 30 日，埃德温和其他同学一起拿到了毕业证书。如今，他面临的唯一悬而未决的问题就是《犯罪收益法》的没收令还未下达，这是量刑程序的最后一步，将决定罚金的数额。规定的下达日期是 7 月 29 日。

这步程序很简短。根据一家伦敦拍卖行的估价，检方粗略估计失窃鸟皮的价值为 25.03 万英镑。而直到后来人们才意识到，这一估价太过保守。为了计算埃德温的罚金，他们决定将这一数目减半，这样没收令的数额便为 12.515 万英镑，合 20.4753 万美元。据克赖姆斯所言，埃德温当时的银行账户里有 1.3371 万英镑“可供支付”，但他提出 6 个月的付款期限，称皇家检察署不会希望被告“失去他的短笛和长笛”。

法官表示同意。

赫特福德郡警署经济犯罪组的警长乔·昆利文（Joe Quinlivan）对记者说：“如果他日后赚到更多的钱，警方一定会追查到底，直到他偿还所有的债务。”

“这对我们来说是个令人振奋的结果，向我们传达了一个强烈的讯息，那就是通过犯罪牟利永远没有回报。”他补充道。

埃德温在审讯中主动提供了一些客户姓名，但对警方而言，此案已经结案。他们没有人力、财力为了寻回更多的鸟皮而去搜索论坛、易贝和贝宝上的记录。而且这些鸟皮的标签很可能已经被剪下，因此对于特林博物馆来说，这些鸟皮已经毫无价值。

但这桩罪案的余波仍在飞蝇绑制圈中回荡。包括美国牙医“莫蒂默”和戴夫·卡恩在内的几位客户，将有不同程度损毁的鸟皮寄回了博物馆。一些已经归还鸟皮的客户如今正打算以个人的名义起诉埃德温，索求赔偿。

丹麦铁匠延斯·皮尔加德归还了他从埃德温那里买来的几张鸟皮。他已经将火红辉亭鸟卖给了另一位飞蝇绑制者，但当他发现这是特林博物馆劫案的赃物时，他坚持要把它买回来，还给博物馆。他询问阿黛尔是否有可能将他与埃德温交换的那只价值 4500 美元的凤冠孔雀雉归还给他，并同时用邮件将此信息转发给埃德温的父亲柯蒂斯。柯蒂斯已经联系了一些出离愤怒的买家，试图让他们做出让步。“如果你告诉我账单总额（以美元计算），我会把钱寄给你。”他在给延斯的邮件中写道，并同时声明如果延斯打算起诉他的儿子，他便不会给他钱。“你不能两者兼得，我相信你能理解。”他发现自己正在防止这些人可能对埃德温提出欺诈索赔。延斯归还了鸟皮，但始终没有收到柯蒂斯的赔偿。

戴夫·卡恩从他母亲那里借了几千美元，购买了一张印度乌鸦的背部皮毛。他最初得知埃德温被捕是因为柯蒂斯“突然”给他发了一封邮件，问他是否知道谁从他儿子那儿购买了整张鸟皮。卡恩为了得到这张鸟皮已经努力了 5 年，想到要失去它，他失望至极，眼泪几乎夺眶而出。

卡恩回忆道，柯蒂斯说如果他不将这块鸟皮还给特林博物馆，“警察可能会突击搜查”他家——这是一幅恐怖的画面。“有一堆当地警察拥入房子无疑是一场灾难，因为他们会在不知情的状况下，将我绑制用的所有羽毛都带走，然后我不得不花费几个月的时间去证明它们不是从埃德温那儿买的——可能直到现在我还要不回那些羽毛。”

卡恩非常愤怒。当他将印度乌鸦皮还给博物馆时，警方告知他可以对埃德温提出索赔，理由是他用欺骗手段谋取钱财。柯蒂斯说服他不要起诉，几个月后，卡恩终于得到了赔偿。

《飞蝇绑制者》杂志过去曾将埃德温誉为“飞蝇绑制的未来之星”，而该杂志 2011 年的春季刊设了一个名为“飞蝇绑制犯罪报告”的新栏目。该杂志的资深专栏作家迪克·塔勒（Dick Talleur）告诉记者，一次他在马萨诸塞州的飞蝇绑制展上，目睹两位男子被捕：“我们已经有一段时间没有卷入法律纠纷了。现在，我担心那些遵章守法绑制飞蝇的好人也将处于枪口之下。”

然而，在经典飞蝇绑制网站上，巴德·吉德里严格执行“严禁讨论特林事件”的政策。如若有新人违反政策，提到里斯特这个名字或特林博物馆劫案，他会立即将该信息删除。不久，论坛社区便恢复常态。几个月后，成员们开始再次售卖印第安乌鸦和蓝鸫鹛羽毛。天堂鸟和凤尾绿咬鹃时常在易贝网上出现，但持续时间很短——这说明它们很快便被买走。这些羽毛是否是从特林博物馆失窃的鸟皮上拔下来的，还不得而知，但这个群体对羽毛的渴望只是与日俱增。

回到特林的阿黛尔对此案的结果感到喜忧参半。她捉住了窃贼，并且在这一过程中，为博物馆寻回了许多鸟皮，这让她感到很自豪。但埃德温并未入狱，又让她感到很沮丧。尽管如此，她仍对司法体系抱有信心，清楚这是法官的决定，并且只有他能做出决定。

公诉检察官克赖姆斯认为巴伦 - 科恩博士的阿斯伯格综合征诊断扭转了整个案件。他说："如果没有这样一份报告，里斯特先生会被立即判处监禁。"

自然历史博物馆的普里斯 - 琼斯博士还在为去年的事件而感到心烦意乱。"整个事件就是当头一棒，"他说，"这让人深感沮丧，几近绝望。"博物馆的工作人员私下里灰心丧气，但博物馆在公众面前保持中立的态度。4 月 8 日（埃德温被判决的那天）发布的一份新闻稿引用了博物馆科学部主任理查德 · 莱恩的一段话："这件事情得以解决，我们感到很高兴。我们要感谢警方、媒体、公众和飞蝇绑制者们帮助我们找回了许多无价的标本，但这仍给我国的收藏造成了可怕的损失。"

尽管如此，仍有许多鸟下落不明。在失窃的 299 只鸟中，只有 102 只鸟带着标签，完璧归赵。在埃德温的公寓里，又搜出 72 只没有标签的鸟皮，另有埃德温的客户寄回的 19 张鸟皮——全部都没有标签，这些客户会归还鸟皮，要么是因为埃德温将其供认出来，要么是因为良心使然。特林博物馆的研究员还收到许多装着羽毛的塑料密封袋，但还有 106 只鸟皮下落不明。

尚未寻回的印第安乌鸦、伞鸟、王天堂鸟和凤尾绿咬鹃的价值可轻松突破 40 万美元，这还没算上失踪的绯红果伞鸟、火红辉亭鸟、丽色天堂鸟、华美天堂鸟和蓝天堂鸟。这些鸟在市场鲜有出现，因此很难确定它们的真正价值。

所有这些推算都是按照整张鸟皮出售计算的。若有人把羽毛拔下来，按根出售，价格将会更高。

埃德温会不会已经把这 108 张鸟皮卖掉，将所获收益藏匿在英国当局无法触及的地方？

他会不会把鸟皮藏匿在其他地方？

他会不会把它们放在值得信赖的人那里保管？

但此时，已无人再寻找它们，已无人再问这些问题。

除了一个在新墨西哥州河流中涉水而上的男人。

III 真相与后话

TRUTH AND CONSEQUENCES

早在科学家一词被创造出来之前，许多的鸟就已经保存在博物馆的储藏柜里。数百年来，每次进步——细胞核、病毒、自然选择、遗传基因和 DNA 革命等一系列发现——都引入了研究这些鸟类的新方法……

18
第 21 届国际飞蝇绑制研讨会

在斯潘塞·塞姆对我讲述了特林博物馆劫案两个星期后，也就是埃德温一案宣判仅 4 个月后，我在位于新墨西哥州陶斯的作家休养地与国家安全委员会进行了一次电话会议。包括名单项目在内的一小部分难民组织受邀与总统的高级顾问对话。谈话进行得不是很顺利。我咄咄逼人又灰心丧气，听腻了官方不作为的老生常谈。我一挂断电话，就拿起我的渔具，向白雪覆盖的桑格里克利斯托山区疾驰而去，心中期待着手机失去信号的那一刻。

我将车停在里奥格兰德河谷的东部边缘，沿着小安森尼克河进入峡谷。河水冲刷着卡车般大小的卵石，这声音冲击着石壁，在山谷里发出阵阵回响，淹没了我的思绪。大约过了一小时，我到达河边，将飞钓竿组装好。在冰冷的河水中，水靴紧贴着我的双腿，我准备抛竿，呼吸也随之慢了下来。

我所用的飞蝇是用一簇麋鹿毛制成的，形似一只飞蛾状的毛翅蝇。这枚飞蝇迅速漂过河面。我独自一人，涉水而行，寻找鳟鱼，我思索着怎样才能将战争抛诸脑后。我花了一年的时间帮助他们重建一个国家，而那里的居民却不欢迎我们，又花了一年的时间从濒死的经历和创伤后的压力中恢复，在接下来的5年里，我代表难民与我国政府博弈，而这里也没有人欢迎他们。若不是这个偷盗羽毛的离奇故事，我或许会患上抑郁症。

我得知这件事没多久，便满脑子想的都是埃德温·里斯特的罪行。这桩罪案如此离奇，一直让我分心。在斯潘塞提到经典飞蝇绑制网站后，我便注册账号并搜索“埃德温”，我找到了2009年11月的两篇帖子，埃德温在帖子中称，他正为了买一支新笛子而出售印度乌鸦羽毛。我将帖子打印出来，然后抄下了所有回复者的名字。我还找到了巴德·吉德里的帖子，他声称今后所有与特林博物馆相关的讨论都会被删除，我想知道还有什么消息被删除了。我在易贝网上找到了客户给“长笛演奏者1988”的评论，并在优兔上发现了埃德温上传的视频。

我没有行动计划，没有任何追查窃贼的经验，对鸟类或鲑鱼飞蝇也一无所知。闲暇时间，我会上网浏览有关这一奇特亚文化的对话，并将其打印出来，正是这种亚文化催生了这桩近乎不可思议的罪行。

我不停地请求斯潘塞帮我解释论坛里的行话。每当我们一起钓鱼时，我便会兴致勃勃地问他有关维多利亚飞蝇绑制者及他们所用的羽毛的问题。为了体验这种艺术形式的魅力，我花了6小时在他家里学习绑制“红色漫游者”，这是凯尔森《鲑鱼飞蝇》一书中介绍的一种飞蝇，颜色呈黄、橙、红。斯潘塞那条茶色的拉布拉多犬布默（Boomer）在他的脚边打盹，一台放在暗处的收音机里传出汤斯·范·赞特（Townes Van Zandt）的歌声。而此时斯潘塞正向我讲解这种需要将羽毛系在鱼钩上的神秘技巧，耐心地回答我连珠炮似的问题。

我提到了英国媒体的一篇文章，文章称特林博物馆的100多只鸟仍然下落不明，其价值据说高达数十万。我问他，是否认为这些鸟仍然在飞蝇绑制者的手中。

“如果你真的想知道，”他说着眼中闪过一丝光芒，“就去萨默塞特吧。”

两周后，我发现自己已经不在国家安全委员会的邀请名单之列，无须再参加之后的会议。随后，我便开始查询机票，准备飞往新泽西州萨默塞特郡，参加即将在此地的双树酒店举办的第 21 届国际飞蝇绑制研讨会。我知道，我正在逃避问题，但我有一个疯狂的想法，只要我出现在那里，我或许就会误打误撞发现特林博物馆失踪的鸟。

在双树酒店外，牵引式挂车沿横跨拉里坦河的 287 号州际公路疾驰而过。此时已是 11 月末，寒气袭人，我抄近路穿过停车场，遇到了约翰·麦克莱恩，因为在论坛上见过他的照片，我一眼便认出了他。他站在酒店的侧门附近，似乎三大口便抽完了一根香烟。这位羽毛麦克网站的经营者额头上有一道新伤疤，脸上摆出一副“免开尊口”的表情。我想问他一些有关埃德温的问题，但他冷冷地瞥了我一眼，我便紧张地从他身边匆匆走过。

酒店里，数百名绑制者转来转去，他们在大厅里徘徊，购物袋里色彩艳丽的羽毛闪闪发光。在附近的一个展台上，一名顾客举起一根染成石灰绿色的羽毛，对着灯光，眯着眼看，仿佛在检查一颗钻石的净度。在他的身后有几百张整张和小块的皮毛，还有一袋袋的羽毛。它们都堆在箱子里或挂在架子上。一排排的卖家叫卖着鱼钩、书籍、亮丝和皮毛。一小群蓄着八字胡、穿着会员服装的男人安静地围在知名飞蝇绑制者的展台前。这些绑制者心无旁骛、聚精会神地俯在绑钩台前，透过头戴式放大镜将羽毛娴熟地绑在鱼钩上。

我到底在这儿干吗？

在网上论坛到处打探是一回事，但亲临他们的集会意味着迈出实质性的一大步。我突然觉得自己荒谬可笑，毫无自信。我有一小摞与特林博物馆劫案相关的打印材料，但我到底知道些什么呢？我分不清鸟的种类，不知道哪些鸟受到《濒危野生动植物种国际贸易公约》的保护；我对飞蝇绑制几乎一窍不通。现在身处这些古怪的人和他们的死鸟当中，我觉得自己格格不入。

我偷偷溜到了罗杰·普劳德（Roger Plourde）的展台前，我从各大论坛上得知了他的名字。他正在几个观众面前绑制一枚鲑鱼飞蝇。他到了绑制过程中极具挑战性的一步，在这一步，哪怕只是最轻微的转动或稍微松开丝线，都会使整个飞蝇散开。这时，一个矮胖结实、戴着眼镜的 50 多岁男人屏住呼吸，鼓起腮帮。最终，这个男人长吹了一声口哨，以示钦佩，这仿佛一颗落在地面上的炸弹。其他人频频点头，凑得更近。

我最初关注普劳德是因为我无意中看到他为纪念“9·11”袭击事件而设计的一枚飞蝇。为了缅怀逝者，这枚“美国飞蝇”使用了金色亮丝，红色、白色和宝蓝色的丝线，以及 7 种鸟的羽毛，其中包括翠鸟、肯尼亚冠珠鸡和黄蓝金刚鹦鹉。这枚美国飞蝇在拍卖会上以 350 美元的价格售出，但我从普劳德的展台上一眼便能看出，真正赚钱的不是飞蝇，而是展台上出售的各部分鸟体——翅膀、尾巴、头部、胸部和颈部，它们被塞进齐腰高的板条箱里。其中一个箱子里装满了用塑料密封袋包装的长尾小鹦鹉的头部，它们的头部被砍断时还在叽叽喳喳叫着，而一切都停滞在那一刻。

“有印度乌鸦或鵎鹛吗？”我问道，试图让自己听起来很随意。

他从绑钩台上抬起头，用严厉的目光打量着我。过了一会儿，他从桌子下面拿出一个大活页夹递给我。当我翻看一页又一页色彩变幻的蓝色和小小的黑橙色羽毛时，我心跳加速。他为什么要把它们藏在桌子下面？这些羽毛是来自特林博物馆的鸟身上吗？出售这些羽毛是否合法？如果鱼类和野生动物管理局的探员看到我们，又会怎样？

“这一组多少钱？”我指着 8 根印度乌鸦羽毛，用颤抖的声音问道。

“这些 90。”

“哇，好吧。”

普劳德立刻看出我不是真的要买，于是将注意力转回到绑制飞蝇上。我一时冲动，随口说出我正在考虑写一些有关特林博物馆鸟类劫案的故事。他脸上闪过一丝愤怒，将活页夹拿走放回隐蔽处，接着继续绑制飞蝇。一阵尴尬的沉默过后，他终于开口讲话，目光始终没有离开飞蝇：

“我认为你不会想写这个故事。”

“不想？为什么？”

“因为我们飞蝇绑制者是一个紧密团结的群体，”他答道，目光紧盯着我，“你不会想惹恼我们。”

我大吃一惊，环顾周围的观看者。那个吹口哨的男人正怒视着我。

从费卢杰到与政府对抗，面对各种各样的威胁，我已经习以为常。但面对一个手持一撮羽毛的男人的威胁，还真有点激动人心，这让我感觉似乎有了什么发现。

“我想让你知道，”普劳德咕哝道，“那些鸟，我一只都没买。”

不久，研讨会上的其他参会者便认出我是局外人。我毫无计划而来，而且似乎在不到几分钟的时间里，便错失了查明特林博物馆失踪鸟皮下落的机会。在这天余下的时间里，我到处闲逛，而周围 200 多个大块头的男人则对我怒目而视。如果我问起天堂鸟或印度乌鸦，我得到的只是轻蔑一笑和假装惊讶的表情。

我不想空手而归，于是重振决心，朝我在酒店外见到的男人的展位走去，埃德温的第一批羽毛就是从他这儿买的。

约翰·麦克莱恩穿着宽松的黑色保暖衬衫，裤子上系着背带，花白的头发剪得很短，眼中充满疲惫。我看着他在羽毛麦克网站的展台前与一位客户交谈，这位退休侦探看起来有些不自在，似乎还无法相信自己已经退休了。我问他是否能跟我谈谈特林博物馆劫案，他考虑了一会儿，然后匆匆穿上了他的厚外套。“管他呢，现在我该休息一下，抽根烟。”我跟着他走出侧门，来到停车场。

“好了，那你想知道些什么？”他点燃了一支香烟问道。

“嗯，首先，我应该非常担心吗？”我开玩笑地告诉他普劳德那番话。

“是的，圭多（Guido）会盯上你！”麦克莱恩咯咯地笑着说，摇了摇头，“他们会把你关起来……东河在呼叫！”

当我问到埃德温时，他说他从未想到埃德温会做出如此愚蠢的事情，竟然闯入了博物馆，但同时，他也承认这些鸟仿佛给这个圈子施了魔咒：“每个人都互相攀比，想得到真的印度乌鸦！你看看这些失魂落魄的男人，他们想要的就是一撮愚蠢的小羽毛！我是说，如果你仔细想一想，这实在太怪异了。”但他不太关心盗窃案的遗留问题。“没什么太大的影响，”他说，“只是——博物馆大概再也不会让飞蝇绑制者进储藏室了。”

“话说回来，我是一名警察。他偷了什么？羽毛？没错，但这仍然是财产犯罪。”他又点燃了一支烟，“在我看来，暴力犯罪应该被关进监狱。”

我们沉默地坐了一会儿。是的，埃德温在偷盗特林博物馆鸟的过程中没有给任何人造成身体上的伤害，但于我而言，这不仅是财产犯罪，还有更重要的意义。

“但是约翰，”我说道，“他拿走了 299 只鸟！还有很多鸟仍然下落不明！它们在哪儿呢？”

麦克莱恩似乎已经预料到我会问这个问题。“问问特林博物馆，他们上一次全面清点鸟皮是什么时候的事！”他说。

“你这话什么意思？”

“他们有馆藏清单，没错，现在藏品少了。他们怎样才能确定丢了什么？”他问道，“它们可能是在 10 年的时间里，逐渐丢失的！可能有人借了一只，拿到学校的展示讲述活动课上去了，你懂吧，可能有人把它放错了抽屉，你要知道，有一千个理由！”

他停了一会儿，让我充分理解他的观点：“我所说的一切都是基于我所了解的事实……他们认为 299 枚标本被盗，但他们并不知道确切数目，因为他们不知道最初到底有多少标本！因为没有人数过！”

我无言以对。

“他们没数过！”他站起来喊道，“埃德温来的前一天他们没有数过。他们没有每年数一次。他们没数过！”

说完，他踩灭了香烟，回到屋里。

我一头乱麻地回到车里。是我想象了一个本不存在的谜团吗？是有其他人在埃德温之前就拿走了鸟皮吗？会不会只是博物馆弄错了数目——他们收藏了数十万枚标本，可能不知道精确的数目？会不会是在埃德温被捕那天，所有的鸟皮就已经在他的公寓里都被找回了呢？会不会已经没有失踪的鸟了呢？

能回答这些问题的人寥寥无几。从萨默塞特回来后不久，我便给埃德温发了一封电子邮件，问他是否愿意对我讲讲他的故事。他礼貌地拒绝了。我一点也不感到惊讶，毕竟他还处于缓刑期。

现在我能问的只有特林博物馆的研究员们。但我每次给博物馆写邮件，试图进行面谈时，他们都没有给出明确的答复，并且附上的新闻稿也是我已经看过的。

除非我能确定特林博物馆给出的失踪鸟皮数量是否准确，否则我便陷入了僵局。最终，我决定不再等待，买了一张飞往伦敦的机票，告知博物馆我正在去往此地的途中，并带了一份问题清单。

19
失落的海洋记忆

1月中旬，我登上了去往特林的米德兰号列车，在积雪覆盖的原野上穿行，树叶已经掉光，乌鸦在树上瑟瑟发抖。我在镇上的小站跳下了火车，我在想埃德温当时带着偷来的鸟，坐在哪条长凳上焦急地等待。一条长凳的上方挂着一张巨幅海报，上面是英国国家芭蕾舞团出品的《天鹅湖》(Swan Lake)，领舞演员穿着羽毛制成的芭蕾舞短裙。

我跳上车站的台阶，脚步轻快地朝着特林博物馆走了两英里。与埃德温一样，我已经将路线研究了很多遍，所以不需要地图。这里是大联合运河，一条家用小船停泊在下游100码处冰冷的河水中。然后是乞丐巷、彭德利农场、罗宾汉酒吧。我很自然地转向阿克曼街，好像我就在这里长大一般。在去往博物馆的途中，我路过了警察局。我向霍普金警长发出了最后的面谈请求，但还没有收到她的回复。

我约了特林博物馆的研究员们第二天见面，但远道而来，我已经迫不及待，便开始到处闲逛。我漫步于陈列室，对展出了一个多世纪的鸟类和熊类标本进行拍摄。

我转了个弯，撞见两个高中生正在犀牛展品旁亲热。他们仓皇离开后，我无意中发现墙上装着一个小型摄像头。我朝着挂在犀牛旁的标语牌走去：

赝品犀牛角

这些犀牛角是赝品，犀牛角因其所谓的药用价值而面临被盗的真正威胁。尽管赝品牛角毫无价值，但市场对真犀牛角的需求正对许多野生物种构成威胁。

我猜想这块标牌和摄像头是因为 2011 年 8 月 27 日的事件才安装的。就在埃德温一案宣判的几个月后，42 岁的英国人达伦·本内特（Darren Bennett）击穿了博物馆的玻璃，将印度犀牛和白犀牛标本的角敲了下来。几个世纪以来，北方白犀牛因其牛角所谓的医用价值而被猎杀，濒临灭绝，现存的白犀牛只有 6 头。在中国有人认为犀牛角能够治疗性功能障碍，而流连夜店的越南人将其当作派对上的毒品。因此，在过去几十年里，这两种因素刺激了人们对犀牛角的需求。犀牛角由角蛋白构成，而角蛋白与手指甲和马蹄中所含的蛋白质相同。尽管如此，本内特所盗的 4 公斤犀牛角在黑市上的价格仍可超过 35 万美元。

前提是这些犀牛角是真的。几个月前，欧洲刑警组织发布警告称，一个有组织的犀牛角盗窃团伙已经偷盗了十几家博物馆。在得知这一消息后，特林博物馆用石膏复制品代替了真的犀牛角。

然而，尽管埃德温得以脱身，达伦·本内特却因偷盗了两磅牛角形的石膏而被判处 10 个月监禁。第二天，我怀着一个简单的目的前来赴约：在着手进行这个尚不成熟的搜寻失踪鸟皮的任务前，我想直接从研究员的口中得知他们给出的数字是准确的——也就是说的确有尚未寻回的鸟。麦克莱恩对博物馆的管理能力提出了质疑。埃德温一案发生后不久，本内特便在如此短的时间内再次闯入博物馆，考虑到这一点，我想知道麦克莱恩的观点是否有道理：要盗窃这个博物馆是不是轻而易举？

我走进了鸟类楼的正门，听到安全警报嘟嘟地响个不停。门口的保安笑了笑，让我出示通行证，仿佛没有什么不对劲。当我在访客登记簿上签名时，我询问了一下警报的情况。

她解释道，报警器是在对喷水灭火装置的烟感探头进行常规清洁时触发的，“我正尽最大努力去忽略它。”她说着眨了一下眼睛。

我开始翻阅访客登记簿上先前的记录，试图寻找埃德温的名字，但很快便被一个新闻部门的年轻人给阻止了，她将我带到一个挂着荧光灯的会议室。我一边等着研究员，一边透过窗户望向埃德温爬过的那道砖墙，我在想，这是否就是埃德温打碎的那扇窗户。

角落里有几个米白色的塑料托盘，里面装着许多从埃德温的公寓里寻回的鸟皮。大多数的鸟皮仍封存在收集犯罪现场证据的证物袋里。其中一个托盘里装着一个个密封塑料袋，袋子里塞满了印度乌鸦羽毛。在其中一些密封袋上，埃德温用记号笔画上了笑脸。

罗伯特·普里斯 - 琼斯博士和马克·亚当斯如约而至，要谈论 2009 年 6 月 23 日发生的那起事件，他们看起来并不兴奋，尤其是要与一个专业为难民谋利而业余调查鸟类劫案的人谈论此事。我开场便转述了人们对自然历史博物馆的作用所持的一些奇特观点，这都是我在萨默塞特飞蝇展上听来的。一些飞蝇绑制者质疑，博物馆拥有数十万张鸟皮，为何他们需要这么多同种鸟类的“复制品”——将它们卖掉更有利可图，不是吗？为了得到回应，我告诉研究员们，一些绑制者认为“他们的所作所为——将这些鸟绑成飞蝇来让它们的美丽绽放——要比将它们锁在博物馆的地下室里好得多”。

“英国没有花费数百万英镑在自然历史博物馆上，所以这些东西便没有用武之地……这是在低估这一资源的重要科学价值！”普里斯 - 琼斯说，他透过眼镜，眉头紧锁地盯着我，“我无法对这种无稽之谈做出明智的回应。”

他和他的同事解释道，世界已经从这些标本所揭示的信息中获益。华莱士和达尔文利用它们形成了各自的自然选择进化论。20 世纪中期，科学家们对博物馆内收藏的古老蛋类标本进行了比对，以证明在使用滴滴涕杀虫剂后，蛋壳变得更薄，蛋变得更不易存活，这种杀虫剂最终被禁止使用。最近，来自 150 年前的海鸟羽毛样本被用来记录海洋中不断上升的汞含量。汞含量的上升导致动物数量的减少，并对食用含汞鱼类的公众健康造成了影响。研究者们将这些羽毛称为“海洋的记忆”。

早在科学家一词被创造出来之前，许多的鸟就已经保存在博物馆的储藏柜里。数百年来，每次进步——细胞核、病毒、自然选择、遗传基因和 DNA 革命等一系列发现——都引入了研究这些鸟类的新方法：19 世纪早期，研究者透过单式显微镜观察鸟皮，他们无法领悟 20 世纪的质谱仪或 21 世纪的核磁共振和高效液相色谱中所揭示的内容。每年，自然历史博物馆的研究员们为数以百计的科学家提供鸟皮，这些科学家来自日益专业化的研究领域：生物化学、胚胎学、流行病学、骨骼学和群体生态学。

如今，科学家们可以从特林博物馆里 18 世纪的标本上拔下一根羽毛，并根据碳、氮同位素的含量推断这只鸟的日常饮食。这反过来又可以使他们通过发展演变过程来重现整个食物网，从而发现物种是如何演变的，又或者在没有食物来源时，它们迁徙至何处。

目前，人们正从古老的骨骼样品中提取 DNA，以保护濒临灭绝的加州秃鹰，而馆藏标本在这一过程中就发挥了作用。灭绝物种复活亦被称作复活生物学，这一新兴领域在一定程度上有赖于从博物馆的标本中提取 DNA，从而使旅鸽等灭绝鸟类重现人世。

我意识到，保存这些鸟类代表了一种对人性的乐观看法：一代代研究员保护它们免受昆虫、日光、德国轰炸机、炮火和窃贼的侵扰。他们坚信这些藏品在人类追求知识的过程中具有至关重要的作用。他们知道这些鸟能够解答那些尚未被提出的问题。

然而，他们的使命在很大程度上取决于信任那些前来研究藏品的人，相信他们也抱有同样的信念。而埃德温利用了这种信任来策划这起盗窃案。如今，许多的鸟皮丢失或被剪下标签，科学记录便有了一个致命的漏洞。要填补这一漏洞的唯一希望就是寻回尽可能多的、带着标签的鸟皮。

为了强调自己的观点，普里斯 - 琼斯走到装着鸟类残体的托盘前，取出一只封在塑料袋里的火红辉亭鸟，这只鸟已经没有标签。他解释说，埃德温所盗的 17 张鸟皮，不仅是特林博物馆里全部的火红辉亭鸟藏品，而且占全世界所有博物馆中此类标本的半数以上，这对现代科学研究来说，是个沉重的打击。

另一个托盘里装着特林博物馆的凤尾绿咬鹃的残体。这种鸟受到《濒危野生动植物种国际贸易公约》的保护，博物馆共丢失了 39 只凤尾绿咬鹃，其中的 29 只在找回时带着标签，但埃德温已将其中许多鸟的长达两英尺的翠绿色尾巴切了下来。在整张的鸟皮旁边，放着冷冻箱大小的密封袋，里面塞满了数百根小小的羽毛，这些羽毛的尖部呈绿色，闪闪发光。它们大概是从仍然下落不明的鸟皮上拔下来的。

一只完整的凤尾绿咬鹃，从喙到尾的长度将近 4 英尺。在媒体对这起盗窃案的早期报道中，警方推测这些鸟可能会装满 6 个垃圾袋。但埃德温的律师后来称，他只用了一个行李箱。

“你有没有想过，从逻辑上来讲，他是怎样将这些鸟运出去的？”我问道。

“我想过太多遍了。”普里斯 - 琼斯大声说，瞬间暴露了自己的情感。他察觉到自己的失态，随后便默不作声。

“除了他告诉警方的信息，我们对他的作案手法没有任何证据或了解。”亚当斯说。那位新闻部门的官员在座位上挪动了一下。

“但你们不认为他有同伙吗？”

“你应该知道，”普里斯 - 琼斯抢先说道，“里斯特认罪了。这意味着或许警方的调查力度与未认罪的情况下有所不同。”

埃德温的这种做法实际上已经终止了警方对特林博物馆失踪鸟皮的搜寻行动。博物馆的研究员们如释重负，因为他们已经找回了三分之一仍有标签的鸟皮，虽然阿黛尔已经不再继续帮助他们寻找仍然失踪的鸟皮。

或可能失踪的鸟皮。

麦克莱恩认为世界上所有的侦探都无法寻回这些下落不明的鸟皮，因为特林博物馆压根就不知道有多少只鸟被盗了，如果他是对的呢？他们肩负着保护这些鸟的重任，而如今我们就站在这些损毁的鸟旁。问这个问题，我觉得自己像个浑蛋，但我远道而来，不会不得真相而返。我告诉他们，飞蝇绑制者们认为特林博物馆没有任何鸟皮失踪，在埃德温被捕的那天早晨，鸟皮都已悉数找回。

“他们认为任何数目上的出入都是因为记录不当……你们只是在猜测。”我说道。麦克莱恩建议他们“应该‘检查一下另一个抽屉’”，当我补充这一建议时，我不禁畏缩起来。

普里斯 - 琼斯对我怒目而视，仿佛我刚刚抽了他一记耳光。“他对特林博物馆了解多少？一无所知！”

“这只能说明，他不知道藏品是如何管理的。”亚当斯低声说。

说完，普里斯 - 琼斯递给我一张他为访谈准备的电子表格。表格上详细记录着埃德温被捕的那天早晨，在他的公寓里找到的鸟皮的确切数量（174），有标签的鸟皮数量（102），无标签的鸟皮数量（72），以及随后邮寄回的鸟皮数量（19）。

“如果我能帮你找回那些失踪的鸟皮呢？”我脱口而出，自己都吃了一惊。

亚当斯指着那堆密封塑料袋，里面装着毫无科学价值的羽毛。他告诉我，那些鸟需要带着标签、完好无损地被寻回。

那位新闻部门的官员插话说，我的谈话时间已到，这时我才意识到我在谈话中变得异常活跃。在埃德温被捕的那天早晨，调查已宣告结束，而如今重启调查之旅的想法让我充满热情。我笑着说，如果我处在普里斯 - 琼斯和亚当斯的位置上，我很难像他们一样克制。

“我们是英国人。我们不是美国人。”普里斯 - 琼斯说。

“但他一天牢都没有坐，你感觉如何？并且他还得到了皇家音乐学院的学位呢？”

“就算他坐牢了，从科学的角度而言，我们现在所处的局面会有什么实质性的改变呢？”他答道。

“从情感的角度而言，这不会让你们得到一些满足吗？”

“个人的情感反应能带来什么更广泛的利益吗？”普里斯 - 琼斯厉声说。一阵沉默之后，他承认：“这是一种彻底的绝望，因为我们在这里的目的就是永久保存这些研究资料，使它们可供使用。发现它们其中的一部分遭到破坏，令人无比沮丧。”

“未来几十年，我们都要收拾残局，”他继续道，“我们要尽力找出我们可能还原的部分标本信息，不一定会成功。这已经使几十年的努力付诸东流。”

他摇了摇头：“这简直毫无意义。一起由痴迷、妄想的人犯下的罪行。”

我们的会面接近尾声，普里斯 - 琼斯递给我一沓打印材料，放在最上面的是博物馆的新闻稿。我已经反复读过许多遍，我将它们折起来，塞进了我裤子后面的口袋里。

那夜稍晚些时候，我来到阿克曼酒吧，点了一品脱特林红啤酒。这酒尝起来混浆浆的，就像一罐走了气的无糖可乐，要说是啤酒，就更寡淡无味了。街对面，警察局旁边就是镇上的旅游信息咨询处，里面堆满了吹捧当地景点和历史的小册子，其中一张卡片上写着，乔治·华盛顿（George Washington）的曾祖父约翰便来自特林：他于 1656 年启程去弗吉尼亚做生意，但在波托马克河遭遇沉船事件后，便一直居住在此地。

我喝着难以下咽的啤酒，脑子里试图将我从飞蝇绑制者那里听到的许多说法与普里斯 - 琼斯博士和亚当斯展示给我的东西相调和。飞蝇绑制者们声称特林博物馆只是在对埃德温所盗鸟的数量进行猜测，绑制者们这样做有一个明显的动机：如果没有失踪的鸟皮，就没有仍在继续的犯罪行为，而特林博物馆劫案的后果便只需一个人承担——埃德温·里斯特。

研究员们称，埃德温在接受审讯时，看过这张失窃鸟类名单，并确认其准确无误。这份电子表格不仅使我相信特林博物馆给出的数据，并且还揭穿了一个谎言——埃德温是飞蝇绑制圈中的唯一一匹害群之马。埃德温被捕的消息传出后，埃德温的客户们只给博物馆寄回了 19 只鸟，仅占总数的

6%。还有多少只鸟仍然在这个圈子里流转，而它们的所有者清楚这些鸟是赃物吗？

埃德温被捕的新闻报道中称有 191 张鸟皮被找回，这是我在去特林博物馆之前掌握的唯一数据。据这份电子表格显示，此后，又有两张鸟皮被寄回博物馆，寻回鸟的数量达到 193 只。被盗的标本总数为 299，因此，我需要追查剩下的 106 张鸟皮的下落。

然而，在埃德温的公寓里找到的塞满密封袋的零散羽毛和小块鸟皮又怎么算呢？在一篇文章中，我看到了一张警方的证物照片，上面有 5 块印度乌鸦的胸甲和一块火红辉亭鸟的“披风”（从背部切下的鸟皮）。埃德温从最初的整张鸟皮上，割下了一小块一小块的皮毛，上面长着最受飞蝇绑制者青睐的羽毛。而最初的那些鸟皮想必已经丢掉，此刻正在伦敦城外的某个垃圾填埋场里。毫无疑问，这会使失踪鸟皮的数量有所下降吧？

幸运的是，特林博物馆的这份电子表格中有一栏显示了每种鸟类的“羽毛和鸟皮碎片所代表的标本的大致数量”，我真同情研究员们不得不做这样的评估。他们可没有受训去解答如今摆在他们面前的难题：多少根羽毛能组成一只凤尾绿咬鹃？如果有两只天堂鸟的翅膀而没有身体，这能算一个标本吗？在仔细检查了所有的密封袋后，他们得出结论：下落不明的鸟皮总数为 64 张。

拥有这份电子表格就仿佛手握半张展现未知国度海岸的地图。标注着失踪鸟皮数量和种类的那一栏闪现着希望，就像一条小径的起点，而这条小径通往一个罪行肆虐的未知之地。

我的头脑飞快思索着寻找失踪鸟皮的所有障碍。要确定埃德温的客户，我需要弄清如何在论坛上找到已经删除的销售证据。我需要说服埃德温跟我谈谈。我得确定他是单独行动还是有同伙。我得想办法打破飞蝇绑制圈的沉默，不能让他们就特林博物馆劫案缄口不言，我必须赢得他们的信任，让他们开口分享自己的秘密。

我心不在焉地翻着普里斯 - 琼斯给我的那沓新闻稿，没指望会有什么新发现。但最下面有单独的一页纸，上面的标题是“埃德温一案的警方审问信息”。

埃德温的律师所提供的官方说法瞬间在我眼前展开。有几篇文章引用了他们在法庭上的陈述，他们将埃德温的行为描述为一时冲动、极为外行，声称他只花了“两三周的时间”进行策划。但审问记录中包括埃德温的作案进程表，据进程表显示，他第一次以虚假的借口给博物馆写邮件是在 2008 年 2 月，距盗窃案有整整 15 个月的时间。他承认，在第一次进入博物馆拍摄这些鸟的 3 个月前，他曾通过网络电话跟室友讨论过自己的计划。在临近盗窃的一个月前，他购买了一把玻璃刀和一盒樟脑丸。在审问中，他承认自己在房门上多加了一把锁来保护这些鸟，并且为了卖掉羽毛，他还买了 1500 个塑料密封袋。

这份文件的后半部分包括一份不长的名单，上面记录着埃德温所供认的客户及他索要的价格。名单上列出了 4 个买家和 9 只鸟，总售价为 1.7 万美元。然而，值得注意的是，埃德温列出的清单上没有我在经典飞蝇绑制网站论坛上看到的印度乌鸦羽毛。如果他在审问过程中没有主动提供这些信息，那他还隐瞒了什么？还有谁从他那里买了鸟皮？这 4 位被供认出的买家将鸟皮还给博物馆了吗？

我不知道博物馆是不是有意把这份文件交给我，但这是我掌握的最确凿的证据，这给我提供了几条新线索。

我走出酒吧，一阵寒气袭来，这时我的电话嗡嗡作响，是霍普金警长打来的，她同意第二天与我见面。此刻，我决心查出真相，而犯罪现场就近在咫尺，这令我兴奋不已。我踏上 137 号公共人行道，试图寻找埃德温翻墙的地点。周遭漆黑一片，圣彼得和圣保罗教堂里的中世纪大钟在此刻敲响，钟声穿过冰冷的空气，从远处传来，如鬼魅一般。我拖着脚步慢慢走在这条人行道上，两边的砖墙使脚步声显得格外响亮，我加快了脚步，回声也在我身后跟着疾驰。我被自己怦怦的心跳吓了一跳，最终我来到鸟类大楼的后面，我睁大眼睛，环顾四周。没人会在大楼后面看到他。没人会听到打破窗子的声音，除非这时有人经过。尽管一个高个子的人可以爬上墙，但我肯定需要别人帮一把。我踮起脚尖，寻找窗子。我在想，埃德温带了一个多大的箱子，能从窗子里塞进去，但我看不太清楚。

有那么一瞬间，我想试着爬上墙，但我设想了一下，如果这时，特林博物馆的保安恰巧从墙的另一边经过，我们会有怎样的对话呢。

***

第二天早上，阿黛尔带着我走在博物馆后面的那条小径上，她笑着说："出于警察的疑心，我调查了你一下。"我去的时候，鸟类楼的外部正在翻修，四周围着脚手架和蓝色的网子，以防止墙体碎片脱落，伤及工人。脚手架上挂着伯奈柯斯公司的安全标志，上面绘着阴沉的美洲秃鹰徽标。

她讲话简练清晰，省略代词，只传达必要信息。提到埃德温时，她指着博物馆后面的那段墙说道："之前显然来过这儿。然后走到这儿。爬上去。在这儿切割的玻璃。"在日光下，我能看见埃德温砸碎的那扇窗子现在已经围上了铁栅，但带刺铁丝网上还有一个缺口，博物馆认为是埃德温剪断的。她指出了她发现乳胶手套碎片、玻璃刀和埃德温血迹的那片区域。

“你认为他是单独行动的吗？”我盯着铁丝网上的缺口问道。

“我不确定是否还有其他人，”她说道，这时挂在她臀部的警用无线电悄悄响着，“我不能证明他是单独行动的，我也不能证明他不是单独行动的。我只能客观地以现有的证据来调查。所以……”

“你问过他那些失踪鸟皮的下落吗？”我问道。

她告诉我，埃德温供认了几个人的名字——就是特林博物馆研究员给我的那份文件上的名字——但他“不记得”到底卖了什么。他们搜寻失踪鸟皮的行动仅限于呼吁公众。有一些人响应呼吁，归还了鸟皮，但“难题是他们位于世界各地，因此要进行后续调查并不容易”。

她意识到我对她的回答没有太大的反应，于是重复了普里斯 - 琼斯对我说的那番话：埃德温认罪，基本上已经使调查终止。她告诉我，他们对埃德温在审问中提到的一个加拿大人和几个美国人进行了调查，但她没有时间和财力去追查每一张鸟皮的下落。她只负责破案，而她已经做到了。

“但你不觉得正义没有得到伸张吗？”我追问道，因为埃德温并没有坐牢。

“作为警官，我尽自己的本分，接下来的事就交由皇家检察署负责……律师及他们之间的所有沟通，我都没必要参与。不一定认同他们的观点，但那已经不在我的职责范围之内。”

我从报道中得知，在量刑听证会上，巴伦 - 科恩博士的阿斯伯格综合征诊断发挥了决定性作用，这使他免遭监禁，但每当我询问那些认识埃德温的飞蝇绑制者是否认为他患有阿斯伯格综合征时，他们只是一笑置之，好像我天真得难以置信。阿黛尔曾审问过埃德温，所以我应该问问她的意见。

“这才是想问的关键问题，对吧！我无法回答。”她停顿了一下，思考接下来该怎样回答，“然而，如果我患有阿斯伯格综合征，当听到有人说他们得了这种病，所以他们是罪犯时，我会非常生气……否则每位阿斯伯格综合征患者都会犯罪。”

她的儿子打来了电话，我们的谈话被打断了。当她讲完电话，我问她，如果我能查出特林博物馆失踪的鸟皮在谁的手中，她是否会重新审理此案。

她说，她会根据上级的指示行动，根据鸟可能所处的位置，与欧洲刑警组织及国际刑警组织进行核实，“但是，好吧——如果有证据的话，那就太棒了。我们会设法追回那些鸟皮”。

在离开英国时，我得出了两个结论：首先，事实与飞蝇绑制者的说法截然相反，特林博物馆给出的失窃清单是准确的：他们仍然有至少 64 张鸟皮丢失，这可能价值数十万美元。我不知道，这些鸟是否被拔掉了羽毛或剪下了标签，还是完好如初地被存放在埃德温同伙的阁楼里，而这名同伙正等着风平浪静之后，将它们分割出售。该死，这些鸟可能还在埃德温手里，被他长期存放在某个地方。其次，除了我，没有人会追查这些鸟皮的下落。

20

时光机器里的蛛丝马迹

这个故事里充满了各种元素：古怪痴迷的人物、奇异的鸟、蒙尘的博物馆、古老的飞蝇绑制法、维多利亚时期的帽子、羽毛贩子、盗墓者，及其核心人物——一个演奏长笛的小偷。最初，特林博物馆劫案是一个令人愉悦的消遣，可以让我暂时摆脱难民工作持续不断的压力。

我将这起窃案当作一个有趣的谜题，在闲暇时间四处打探，与飞蝇绑制者们进行接触。但在特林博物馆之行后，我意识到了这起窃案的波及范围和所造成的科学损失，了解到仍有许多鸟皮下落不明，于是心态立刻发生了改变。这种业余爱好变成了一种使命，一种对正义的追求，因为这起罪案并没有得到公正的裁决。

我一回到波士顿的公寓，便将特林博物馆的电子表格和阿黛尔的审问记录贴在电脑旁的墙上。

不久，一个行动计划开始成形。要是埃德温对我定期发送的面谈请求不予理会，我就从他周围的人下手，与那些从他这里购买鸟皮的人交谈，设法得到其他客户的名字，说服他们将能够作为罪证的电子邮件转发给我，查明他是否有同伙。我想，如果埃德温认为我掌握了他的犯罪证据，他或许就会觉得讲出自己的故事对自己来说是一件有利的事情。

在此之前，那些从埃德温那里购买鸟皮的飞蝇绑制者没有理由和我这样的局外人交谈。但如今我可以拿着警方的审问记录与他们对质，于是有些人开始吐露真相。

在埃德温供认的四个人中，有两个人立刻和盘托出。他们给我转发了埃德温发给他们的电子邮件，给我看了他们所购买的鸟类图片，还提供了来自特林博物馆研究员的信件，向我证明归还给博物馆的 19 张鸟皮中包括他们所购买的鸟皮。他们还提到了其他买家。

埃德温提到的第三个人是莫蒂默，这位牙医在伦敦转机时，查看了几张鸟皮，然后下了一份 7000 美元的订单。他勉强回答了几个问题，随后便保持沉默。

埃德温在审问中提到的最后一个人是荷兰人安迪·伯克霍尔特。他的无心之举导致了埃德温罪行的败露。在兹沃勒举办的 2010 年荷兰飞蝇展上，伯克霍尔特向一名不当班的侦探"艾里什"，炫耀自己从埃德温那里买来的蓝鸫鹛。他从未回复过我的信息。

尽管如此，我仍穷追不舍，与名单上那两个人提供的其他买家对质，这些人反过来又无奈地供出更多的证据和买家。

其中一名购买者是蒙塔古干果 & 坚果贸易公司的财务总监鲁汉·尼特林（Ruhan Neethling），这家公司的总部设在南非西开普省的一个小镇。我听说他从埃德温那里购买了价值 3 万美元的天堂鸟皮，随即便和这位南非人通了电话。

蒙塔古此时已是深夜，但尼特林并不吝啬自己的时间。他告诉我，他曾是一名职业猎人，带着来自美国和其他地方的游客踏遍自己的国家，寻找跳羚、黑斑羚、牛羚及捻角羚。21 世纪初，他在距海岸几百英里的卡鲁国家公园附近，协助建立了两家狩猎农场，狩猎者可以在这里射杀饲养的猎物。更近些时候，他曾在巴布亚新几内亚担任可口可乐公司的财务总监。

埃德温在年少时便对绑制鲑鱼飞蝇产生了热情，相较埃德温，尼特林的热情要来得迟得多，但他迅速便沉迷其中。在初学的第一年，即 2009 年，他便绑制了 55 枚飞蝇。（绑制一枚普通的飞蝇大约要花费 10 小时，这意味着他在绑钩台前，花了将近 23 天。）他并不拘泥于传统的维多利亚式绑法，而擅长创作“自由式”飞蝇：他绑制的飞蝇“猫王已经离场”是用天堂鸟翠绿色的硬币形羽毛装饰的。另一枚飞蝇“魔力已逝的蓝羽”的设计灵感来自蓝天堂鸟的求偶仪式。这两种鸟都在特林博物馆的失踪鸟类名单上。

多数的绑制者对我充满戒心，立刻摆出防御姿态，坚称自己与埃德温的罪行毫无关系，或在同意开口前，要求我不透露他们的身份。但尼特林似乎一点也不在意。当我提到，我听说他从埃德温那里买了价值数万美元的天堂鸟皮时，他大笑起来。

“不不不不不……我为什么要这么做？我住在巴布亚新几内亚！这太好笑了。”他说道，就像父亲被孩子感到困惑的问题逗乐一样。

他声称，他辗转于沿岸的各个小岛，结交当地的巴布亚人，然后从猎人那儿购买羽毛，还有些羽毛来自巴布亚人的部落头饰。他说：“我可是花了好大力气才找到认识能帮我搜寻羽毛的人！”

这并不意味着他没有买特林博物馆失窃的鸟皮。他欣然承认埃德温以 3000 美元的价格卖给他一块印度乌鸦皮，以 600 美元卖给他一整张蓝鹟鹛皮。他告诉我，2010 年年末，他订购了一些羽毛，但始终没有收到货——据他推测，埃德温还没来得及邮寄这些羽毛，便被捕了。

“你得知消息的时候一定很吃惊。”当聊到劫案的时候，我主动说。

“事情发生了，我一点也不觉得吃惊，”他说，“当资源稀缺时，人们就会变得富有创造力。”

当我问到他是否认为这是一起令人发指的罪行时，他的观点很明确，这不是什么严重的罪行。“对就是对，错就是错”，他说，但“这错误跟走进商店，偷了一条裤子差不多”。

我问他，他是怎样处理印度乌鸦和蓝鹁鹛鸟皮的。

“我大概还有一些从他那儿买的东西。”他满不在乎地答道。但他说，他已经将羽毛从鸟皮上拔了下来，他认为特林博物馆要它们也没有什么用。

我引用他的话来反驳他，我问道：“但如果对就是对，错就是错，你难道不应该把它们还给博物馆吗？”

“我会还，如果博物馆能告诉我他们将怎样处理这些羽毛，这样做对科学界有什么益处。我就会把它们还回去。”

沉默许久，他补充道：“我希望他们能非常清楚地解释，他们要用这些羽毛做什么。”

我有点惊讶。为什么合法所有人需要向赃物持有者证明他们理应取回赃物？

为访谈做准备时，我花了些时间浏览他的脸书网页，我知道他时常发布一些来自一个奇怪的千禧年信徒组织的消息，这个组织名为“第八周传道者再世”。当我问他的宗教信仰是否影响了他与自然界的关系时，他热情地答道：“哦！是的！当然！毫无疑问！”

“所以，物种灭绝这种概念没有让你觉得困扰？”

“没有，一点也不。”

“为什么不呢？”

“不管怎样，万物都将会灭绝。”

“但这不就是一种虚无主义吗？”我追问道，“如果我们认为我们的星球最终会在狂喜中走向毁灭，难道我们就可以不负责任，不用照料上帝赐予我们的生灵吗？”

“这事我们完全不用负责！”他大声说，仿佛我终于恍然大悟。

“你对此感到心安理得？”

“你的责任就是使你的世界与上帝的世界保持一致。他的意志就是不让这一种生物永存于世。他的意志就是不让这一种生物再活 50 年或多少年。”

尽管我已预料到了答案，但我仍问他是否相信进化论。

“不信，完全不信。一点也不信。化石记录不能证实进化论。你想谈谈信仰体系？进化论就是一种宗教信仰！仅此而已。这完全是杜撰出来的！这是一个由堕落守望者提供给人类的知识库，他们是一群不服从上帝意志的天使。”

我问他，若非通过进化，他认为这些鸟是如何变得如此与众不同的。

在他看来，答案显而易见：“上帝就是这样创造它们的！”

蒙塔古此时已过午夜。我能听到南非的蟋蟀在远处嚯嚯作响。我最后一次为特林博物馆辩护，力图让他相信，这些藏品在诸多方面为人类提供了帮助，比如证实海洋中的汞含量正在上升。

“人类无法拯救世界，”他插话道，“他绝无机会拯救这个世界，因为上帝已经注定让其毁灭。这些科学家的所作所为就是在与上帝对抗。他们拒绝承认让这个世界得以延续的是上帝的力量，而不是人类读取汞含量的能力！”

因此，这位猎人兼干果公司的主管鲁汉不会将任何东西还给博物馆，因为这个世界已注定毁灭，而博物馆研究员扮演的是堕落天使的角色。我在特林博物馆的电子表格上加上了他的名字，并从失踪鸟皮一栏删掉了两只鸟：

只剩下 62 张鸟皮需要追查。

我又找到一位名为弗莱明·安德森（Flemming Anderson）的丹麦飞蝇绑制者，他承认自己购买了一只蓝鸫鹛，我认为我可以将失踪鸟皮减到 61 张，但他提供证据证明，这张鸟皮是归还给特林博物馆的 19 张鸟皮之一。我继续追查，确信某人正坐拥大量的失踪鸟皮。我将访谈记录、论坛帖子和其他零碎的信息堆放在书桌的一角，但除了偶有发现，我清楚希望越发渺茫。

毕竟，埃德温已经设法清除了所有的网页记录。我知道，经典飞蝇绑制网站的论坛曾是埃德温销售鸟皮的主要途径，但自从埃德温被捕后，此网站便实行“严禁讨论特林一案”的政策，将与罪案相关的内容一律删除。

数周变为数月，数月变为数年，随着时间的推移，搜寻失踪鸟皮行动已经逐渐演变成了我的一种独立、潜在的身份。

白天，我竭力使美国的大门向伊拉克难民敞开，管理一小队工作人员，与代表我名单上难民的数百名公益律师通力合作。

晚上，我在脸书网上结交飞蝇绑制圈的重量级人物，翻看他们的相册，搜寻任何与特林博物馆鸟类相关的线索。我深入专门买卖珍稀羽毛的社交网站，参与私人小组的讨论，并开始进行截图。我桌上的那堆证据开始摇摇晃晃，我便将资料整理进档案夹中。档案夹越来越多，于是我买了一个折叠文件夹。

不知何时，折叠文件夹的接缝处开始破裂。现在，我有了更多关于华莱士、凯尔森、罗斯柴尔德和维多利亚时代的资料，我开始阅读这些资料，力图理解这种奇特的痴迷行为。最终，我买了一个文件柜。

尽管我已经在埃德温周围拉开一张大网，但他仍然遥不可及，这令我十分沮丧。我着魔似的收集与他相关的细节，掌握他所盗的每种鸟类的价格，并且对地下羽毛交易的各位人物有了深入的了解。但除了鲁汉，我仍未找到任何失踪的鸟皮。

我甚至仍然不知道，埃德温是否是单独行动的。

每当线索枯竭时，我便重返论坛。埃德温被捕的消息于 2010 年 11 月对外公布，我知道在那个混乱时期，大部分与罪案相关的帖子都已经被删除，但我仍花费几十个小时的时间，搜寻任何可能被管理员遗漏的信息。偶尔，我也会发现一些令人为之一振的内容，比如 2010 年 7 月 26 日的一篇帖子——此时盗窃案已经发生了一年，而离埃德温宣布被捕还有整整 4 个月的时间。在这篇帖子中，论坛管理员巴德・吉德里上传了一张照片，照片上是他刚刚购买的印度乌鸦羽毛。他评论道："这张照片始终让我心跳加速。"吉德里声称，这些羽毛原本属于一个跨世纪的绑制者，而一位名为阿龙・奥斯托亚（Aaron Ostoj）的知名羽毛交易商对此做出回应，他调侃道："嗯，是这样吗，还是从自然历史博物馆里偷来的，以 3000% 的利润出售？"

"比那利润再多一点，"吉德里答道，"再多一点点。"

我觉得自己仿佛闯进了一家地下酒吧，而这家酒吧已经得到通风报信：他们已经彻底清除了与特林博物馆有关的所有线索，这太令人沮丧了。

但我随后发现了一台时光机器。

2001 年 10 月，互联网档案馆推出了"时光倒流机器"，其派出的网络蜘蛛[①]在互联网上爬行，抓取网页快照，以供后人使用。2009年，也就是劫案发生的那一年，网络蜘蛛已经从不断变化的网站上，抓取了3000拍字节的屏幕截图，这足以填满3000台苹果一体机电脑。

2013年7月的一个深夜，当我在认真研读《大英博物馆鸟类目录》（*Catalogue of Birds in the British Museum*）的互联网档案记录时，无意中发现了“时光倒流机器”。我兴奋地输入了埃德温·里斯特的网址，希望能将这个我耳熟能详的网址挖掘出来，但一无所获：“时光倒流机器并没有存档这一网页。”

当我输入经典飞蝇绑制网站交易平台的链接时，我的运气来了：时光倒流机器的网络蜘蛛在论坛上爬行，在2010年的4天里，抓取了飞蝇绑制社区的交易截图。

我点开了11月29日的截图，不由得瞪大了双眼。这就好像剥开一层泥土，发现一具保存完好的骨骼化石。上面有几十篇出售印度乌鸦、蓝鸫鹛和凤尾绿咬鹃的帖子，论坛上已经搜索不到这些出售信息。我能看到每张帖子的标题和作者，以及浏览量。

2009年11月28日，论坛上刊登了一条出售整张蓝鸫鹛鸟皮的信息。2010年4月19日，一张帖子中出售印度乌鸦的胸甲。2010年5月7日，一整张火红辉亭鸟皮在售；5月8日，几袋凤尾绿咬鹃羽毛在售；7月17日，“奇异鸟类羽毛出售”；7月20日，“几袋羽毛和鸟皮”出售；8月31日，又有印度乌鸦皮和一张紫胸伞鸟皮出售。

我心跳加速，随手点开了一件2010年4月21日刊登的物品，标题

① 网络蜘蛛：是一种按照一定的规则，自动抓取万维网信息的程序或者脚本。

是——“有人要乌鸦吗？”

我弄清了为何这件刊登物品会从网站上消失。上面是一个易贝网的拍卖链接：“上等的飞蝇羽毛——印度乌鸦皮——未违反《濒危野生动植物种国际贸易公约》。”其售价高达1000多美元，论坛成员们对此感到不满，他们抱怨不断上涨的羽毛价格：“我们制造了需求，这是我们自作自受。”

我不确定这只鸟是否来自特林博物馆，但当我翻到页面底部时，我发现了确凿证据，确认了卖家的身份。其中一个人写道：“罪犯不是埃德温，而是那些有钱无脑的蠢蛋买家。”我跑到挂在墙上的作案进程表前，添上了这笔交易。在接下来的一小时里，我借助“时光倒流机器”，又挖出了15条销售记录。

我越来越兴奋，因为我意识到所有的帖子都是同一个人发的，这个人看起来是埃德温的代理。他的网名叫悟空（Goku），他在论坛上发帖，上传鸟的照片，看起来还处理财务事项。

悟空在2010年8月底写道：“我的一个朋友遇到了困难，不得不忍痛割爱，卖掉自己的印度乌鸦……他无法再拥有这些羽毛，他的家人急需用钱。”他还提到这些羽毛来自印度乌鸦的某一亚种。“这块披风是我见过的羽毛中质量最上乘的，羽毛仍然很丰满……请发邮件询问价格。”

悟空还在其他地方发布了埃德温在易贝网上的商品链接，试图在拍卖到期前争取更高的出价。

埃德温甚至评论了悟空刊登的某些物品。2010年10月6日，在埃德温被捕前的一个月，悟空宣布出售另一张印度乌鸦皮，但拒绝透露价格，坚称只有“认真的竞拍者才会询价”。论坛成员对他这种盛气凌人的语气感到不满，这时埃德温站出来，为他辩护。“我个人并不认为悟空的语气居高临下，也不认为他不愿意透露价格有什么问题，”他写道，“每个人都知道这些东西价格不菲。”

11月11日，悟空宣布出售一系列“混装”羽毛，其中包括3个蓝鹟鹛亚种和3个印度乌鸦亚种。在一位名为海尔特·韦尔布劳克（Geert Werbrouck）的比利时人下了订单后，悟空回复道：“非常感谢！钱已经转交给了我的那位学生朋友，我需要你的地址，你能私信发给我吗？”

第二天早晨，阿黛尔和她的助手们来到埃德温的公寓。从此之后，悟空再也没有发帖出售羽毛。

他到底是何人？

21

普鲁姆博士的存储器

2013 年 9 月，我的战争回忆录出版问世。我于同月解散了自己的非营利组织“名单项目”，长期以来，这一组织始终资金不足。已有超过 2000 名难民通过“名单项目”来到美国，但更多的难民永远无法踏足这片土地，一种挫败感不禁油然而生。

我开始去各地推销我的新书，我一面在校园发表演讲，鼓励学生们应对全球性问题，一面掩饰自己的疲惫不堪。但当他们问我下一步的打算时——奔赴阿富汗？负责叙利亚难民工作？我不知道该如何告诉他们，我已经为伸张另一种正义而着迷，梦想着将一名羽毛窃贼缉拿归案。

在访问耶鲁大学时，我参观了皮博迪自然历史博物馆，会见了理查德 · O. 普鲁姆（Richard O. Prum），他是鸟类学的“威廉 · 罗伯逊 · 科教授”及该博物馆脊椎动物学首席研究员。我知道普鲁姆是麦克阿瑟天才奖和古根海姆奖的获得者；是久负盛名的实验室的负责人；是伞鸟研究领域的世界顶级专家。在特林博物馆的失窃鸟类中，伞鸟数量占了将近三分之一。但在我踏入他凌乱的办公室前，我丝毫不知他也在试图解开失踪鸟皮之谜。

2010 年，也就是我去新泽西州萨默塞特市参加国际飞蝇绑制研讨会的前一年，普鲁姆从纽黑文市驱车前去参加那年的研讨会，他在过道上踱步，与羽毛贩子交谈，收集名片，辨认正在出售的各种奇异鸟类物种。

他告诉我：“我试图让鱼类和野生动物管理局的人来搜捕这些浑蛋！”他打电话给负责打击非法走私活动的机构，让他们来展会现场，但该机构的一名官员最近在葛底斯堡执行任务时，被一名喝醉的猎鹿人杀害。因此，那个周末，这个地区的所有执法人员都赶去参加葬礼了。

“我忍无可忍，为此事东奔西走，希望有人能关注发生在我们周围的这些野生动物犯罪，”他说道，“他们在新泽西出售来自世界各地的热带鸟类，但似乎没有人对此采取任何行动！”

他曾一度为埃德温一案所困扰，一直追问特林博物馆被盗物种的细节，并寻找愿意将这种爱好公之于众的记者，他希望大家能以这种爱好为耻，最终使其不复存在。之后，由于忙于学术工作，他的行动宣告暂停。

“几年来，我一直在等待着你的出现。”他一边说，一边在桌上匆忙翻找。桌上堆着多年来的备忘录和日志、一个停止使用的电脑显示器、一些马尼拉纸大信封、几大包装着金肩鹦鹉羽毛的塑料密封袋、至少 7 个咖啡杯和一个黑武士摇头公仔。最后，他翻出了那次飞蝇研讨会的笔记。

我认出了大多数羽毛经销商——包括羽毛麦克网站的约翰·麦克莱恩及纹章城堡的菲尔·卡斯尔曼。他写道：“有 9 到 10 个羽毛贩子正在展示飞蝇，这些飞蝇是用美国本土以外的新热带区、亚洲或欧洲的鸟类羽毛绑制的。三四个商贩正在出售装饰用的鸟皮、科研用的鸟皮和并非来自美国本土的热带鸟类标本。”这位鸟类学家还发现了黑领拟啄木鸟、金唐加拉雀、黑背白翅斑雀、长尾铜花蜜鸟、灰胸竹鸟、棕胸佛法僧、寒鸦、暗色鹦鹉、黄尾黑凤头鹦鹉及美洲红鹮。

“但他们都说自己的鸟是从维多利亚时代传下来的，”我回应道，“来自《濒危野生动植物种国际贸易公约》生效之前。”

“所有这些鸟都受到法律保护！”普鲁姆喊道，气愤难当，“没有特殊的许可，这些鸟都禁止进口。大多数鸟皮的制作方式表明它们不可能来自 19

世纪，不可能是祖母传下来的。”在他看来，这些鸟皮很明显是非法得来的，他们是在明目张胆地买卖他耗尽毕生精力研究的鸟类。

“使用这种材料是违法的，”为了表示强调，他一字一顿地说，“不违反多项法律，你不可能拥有它。”

“鸟皮上有生物数据标签吗？”我问道。

“没有。没有标签，但有价签！这简直令人发指！”他怒吼道。

“即使经历了这些，”我说道，我指的是目睹了许多保护物种被买卖，“我还是不明白为什么他们会为了自己的爱好冒这么大的风险。”

“人们实际上并不用这些狗屁东西钓鱼，对吧？”普鲁姆说，“所以为了什么？为了一种癖好，一种对独创性的痴迷。哼，这个世界上就没有什么该死的独创性！这些家伙是谁？他们是来自俄亥俄州的牙医！他们能在什么事情上有独创性？！”

当我告诉他，埃德温的一名客户真的是一名牙医时，普鲁姆笑了。心情稍微平复后，他继续道：“我看到的是一个为真实性而奋斗的故事……试图使人们的所作所为有意义。在那个时期，英国垂钓者是统治全球的殖民强国的一员，他们可以从世界各地索取各种吸引人的东西，然后拿到商品市场进行出售。而这些人所做的就是使这一时期神圣化。”

“但那个梦想已经破灭，”他说，“那个世界已经一去不返。”

他补充道：“当我利用羽毛时，所得的结果是知识。当我拔下一根羽毛，把它毁掉的时候，我们发现了之前世界上无人知晓的东西。”相反，埃德温和羽毛地下组织的成员则是一群沉湎于过去的恋物癖者，正在从事一项“愚蠢、荒谬、寄生似的活动”，而普鲁姆很乐意看到这种活动彻底消失。

在我离开之前，他对我说，他有东西要给我。他在桌子的抽屉里翻来翻去，找出一个小小的 U 盘。

我来到停车场，从车里拿出笔记本电脑，插上 U 盘。里面的内容使我惊得不禁倒吸了一口冷气。我发现普鲁姆细致地将埃德温网站上的内容进行了截屏，这似乎是目前仅存的记录。

我逐一点开了每个文件，随即发现埃德温为何将它们从网上删除。在“奇异材料相册和销售页面”上，有 31 件不同在售物品的链接，每个物种和亚种都使用拉丁双名法描述。

点击每个链接都会跳转到一张高清的鸟类图片。尽管标签被藏了起来，但鸟用棉花填充的双眼和博物馆标本的独特制作方式泄露了秘密。供研究之用的鸟皮的翅膀和腿部都紧贴着身体，而那些装饰在帽子上的鸟的翅膀都是展开的。

在每件刊登物品的上方，埃德温都加了一些物品介绍：“印度乌鸦的马索尼亚种是迄今为止最为稀有的，是一种非常少见的藏品。其羽毛呈深棕色，尖部血红色，有明显的卷曲。”在介绍一种蓝鸫鹛亚种时，他写道：“斑喉伞鸟是蓝鸫鹛科中，色彩最为艳丽的一种鸟。它非常稀有，但色彩极为明艳。”其中一个页面上显示着华莱士于 145 年前收集的鸟，埃德温在上面写道：“王天堂鸟是一种颜色艳丽、体形较小的风鸟，翅膀下覆有色彩斑斓的羽毛。若要购买整张皮毛，请与我联系，询问价格。”他对火红辉亭鸟“与众不同的”颈部羽毛大加赞赏：“它们光滑闪亮、晶莹剔透的特质无与伦比。”

他在网站的其他地方补充道：“我还代售鸟皮，如果你有想要出售的鸟，我可以提供帮助哦！”

“别担心，”他向卖家保证，“我不会透露任何一只鸟的来源，除非你想让我这样做。”

在刑事法院的量刑听证会上，检察官曾试图让法官注意这起盗窃案背后的经济动机：偷盗这些鸟是为了将其卖出去。但由于西蒙·巴伦-科恩教授的报告，埃德温的辩护律师赢得了胜利，这份报告不仅包括阿斯伯格综合征的诊断，还坚称埃德温“并非受到金钱的驱使”。

虽然在此之前我从未浏览过他的网站，但我知道就在特林博物馆劫案发生的15天后，埃德温注册了埃德温·里斯特这一网址（EdwinRist.com）。毫无疑问，目的就是用来销售鸟皮。在“关于我”页面上，他甚至写道：“我对销售飞蝇绑制材料产生了兴趣，这项事业最初是为了赚钱买一支新长笛，但很快便成了一种更为深远广泛的爱好。”

当我向下滚动页面时，我发现埃德温列出了他最喜欢的飞蝇绑制书籍和自己的好友名单，并提供了一篇简短的自传。他写道：“我目前正在构思一本关于鲑鱼飞蝇的书，其中既包括现代鲑鱼飞蝇，也包括经典鲑鱼飞蝇……此外，各种奇异的羽毛和鸟类也将在本书中占很大的比重，书中还有来自挪威的阮隆（Long Nguyen）绑制的令人叹为观止的艺术作品。欢迎常来查看更新的信息和照片！”

阮隆是谁？我以为到目前为止我已经知道埃德温的小圈子中的每个人。

我在停车场搜到了微弱的校园无线网络信号。我问斯潘塞·塞姆，我是否可以登录他的脸书网账号，看一眼埃德温的页面，因为他是埃德温的好友，否则陌生人是无权查看的。我发现阮隆无处不在。脸书网上有许多隆和埃德温的照片：两人在挪威并肩站在屋顶，在蒙奇博物馆前模仿蒙克的著名画作《呐喊》，互相称赞对方的飞蝇。隆还在一个相册中圈了埃德温，相册中是2010年春天两人在日本旅游的照片：两人在浅草观音寺前驻足，在樱花盛开的公园里漫步，吃生鱼片，在原宿街头购物。

接着，我发现了一幅画。隆上传了一张油画的照片，画上有 3 只鸟——一只红尾凤头鹦鹉、一只凤冠孔雀雉和一只火红辉亭鸟。他宣称这是送给埃德温的礼物。在评论中，埃德温用日语回复道："Oi! lonngu sama!! kore wa sugoi desu ne!!（嘿！隆先生！这太棒了！！）"然后又转回英语问道："你的包裹收到了吗？"

隆回复道："我今天得去查一下邮箱，埃德温老兄，我太兴奋了！"

我之前曾见过这幅画，是一年前的深夜，我在论坛上搜寻线索时看到的，但我当时并没有在意。我迅速登录论坛，寻找发布这幅画的人。

是悟空。

悟空曾发布了许多埃德温所盗鸟的易贝网拍卖链接，悟空售出了一袋袋的羽毛和印度乌鸦的胸甲，悟空出售"整张雄性火红辉亭鸟皮"的信息被删除了。而悟空实际上就是阮隆。

我怎么会视而不见呢？隆无处不在。

我跳上了车，沿着 I-95 号州际公路向波士顿疾驰而去。这一发现点燃了我的想象力。隆是同谋。案发的那晚，他在现场吗？是他帮助埃德温爬入博物馆的吗？

又或者他才是幕后主使？或许我从一开始就被蒙蔽了双眼，埃德温只是一个傀儡，一个敏感天真的孩子。他被卷进了罪案，然后被当作替罪羊。

在普鲁姆将闪存盘交给我的几个星期后，我登上了飞往芝加哥的航班，开启另一段巡回售书之旅。当空乘人员唠唠叨叨地讲解安全预防措施时，我点开了脸书网，找到了一个维多利亚飞蝇绑制者的私人聊天群。

一名成员发布了一篇埃德温被捕的旧文章，随即一场争论爆发了。“我知道这发生在 2010 年，但我从来没听说过，这太不可思议了。”他说。他并未意识到，他因重提特林博物馆劫案而触及了一个极具争议性的问题。

谈话很快便转到那些失踪的鸟皮上。“他的伙伴还逍遥法外。”一个名叫迈克·汤恩德（Mike Townend）的英国绑制者回复道。

延斯·皮尔加德问道：“有谁知道那些羽毛现在可能在谁手里吗？”

我进行了截图，希望在其被删掉之前，保留这些消息。飞机开始滑行，空乘人员宣布乘客需要关闭手机，但我绝不能错过这些信息。

“我认为他的同伙是这桩罪案的主谋，他认为自己能逃过法律的制裁。”汤恩德写道。

“他的名字叫隆。他不会逍遥法外太久。”

据我所知，这是人们第一次公开提到隆。隆开始回复消息，否认自己参与其中。“我听说人们到处散布关于我的谣言，我一点也不在意，”他写道，“我不打算靠绑制飞蝇为生，这只是我的一个该死的爱好。”

我发现空乘人员一脸不悦地站在我旁边，于是内疚地关闭了手机。在几个小时后我着陆时，聊天室版主已经删除了所有信息。

我联系隆，询问他是否愿意给我讲讲他的故事，但他婉言拒绝了。

若有什么人手握这些失踪鸟皮，我敢肯定那个人就是隆。

随后埃德温打破了沉默，他此时正在德国各地的交响乐合奏团和室内管弦乐团进行表演。自被捕以来，这是埃德温首次在论坛上发表帖子，标题是“阮隆”。

他写道：“飞蝇绑制圈的先生们、女士们，你们大多数人都听说过我，由于显而易见的原因，我选择从飞蝇绑制的主流群体中退出。然而，我需要澄清这段时间一直困扰我的一个问题。

“我来自挪威的朋友阮隆被公开诽谤参与了博物馆盗窃案，而这桩罪行是我在 2009 年独自一人犯下的。来自丹麦和英国的两个人，竟然散布谣言，宣称隆就是‘幕后黑手’。”

埃德温宣称：“飞蝇绑制圈对隆的态度令我吃惊不已，这比他们对我的态度更加令我吃惊。”

巴德·吉德里对此感到不悦，他曾禁止一切有关所谓“特林事件”的讨论。“我受够了这些废话。几年来，我一直竭力使成员们远离这场是非，而你仍然像一颗毒瘤：把它除掉了，它又死灰复燃，而且更加恶毒。”

他继续道：“你要为隆辩护，不惜一切代价要这样做，但我担心的是你会把隆害得更惨。”他对社区成员写道：“几年来，我一直试图让这个话题远离论坛，你们丝毫不知为此我花了多少时间和精力。这至少可以称得上是一场斗争。”

3 年来，我不时地向埃德温提出面谈请求，但他都回绝了。但现在，他第一次公开谈论此案的细节，我必须再试一次。我给他写邮件，对他说，现在是时候讲讲自己的故事了。

他回复了，这太令我吃惊了。他写道：“我希望你能理解，讲述自己的故事并将其公之于众就好像揭开一个旧伤疤，在上面撒盐。我需要时间考虑一下你的请求。”

我兴奋地给他回信，问他我们什么时候能见面，然后焦急地等着他的回复。一天变成了一个星期，又变成了两个星期，还是没有任何消息。我一遍遍地阅读我发的电子邮件。我是不是太急于求成了？我是不是说了什么，把他吓跑了？他容易受惊吗？

他最终同意跟我见面，此时离见面还有不到一个星期的时间。我觉得自己离解开谜团仅有一步之遥，我毫不犹豫订了贵得离谱的机票，准备飞往杜塞尔多夫。

收拾行李时，我的妻子玛丽·约瑟（Marie Josée）问道："我们是否需要考虑安全问题？"

我们刚刚结婚。她曾是一名律师，在一家与"名单项目"合作的公司工作，她曾帮助过 12 名伊拉克人前往美国避难。我们是通过邮件相识的，但素未谋面，直到有一天她来参加我在洛杉矶的新书巡回见面会。10 天后，我搬到洛杉矶；不到两个月，我买了一枚戒指；4 个月后，我向她求婚；整整 1 年后，我们结为夫妻。

如果这次会面发生在几年前，我绝对不会考虑安全问题，但今非昔比。我们刚刚买了我们的第一套房子，刚刚组建了一个家庭。如今，我对待风险的态度已经与往日有所不同。

我试着忽略这个问题。"他是个吹笛子的！"我说道，"他偷的是羽毛。他不会对我做任何事！"但此时距会面只有几天的时间，我在想自己是不是太鲁莽了。埃德温究竟是个什么样的人？我花了很多时间调查他的罪行，而我对他的性格了解得并不多。从一个人的网上形象，你能真正了解他多少？我意识到，我之前从未听到过他的声音。他会不会只是敷衍了事？他容易生气吗？当我将收集到的证据摆在他面前时，他会做何反应？

我可以雇一个保镖，但我不知道怎样做才能不毁了这次谈话。在埃德温进入房间之前，可能对他进行搜身检查吗？我怎样才能让一个全副武装的保镖站在角落里，而不去解释他的身份呢？

我在 Yelp（美国点评网站）上找到了杜塞尔多夫评分最高的安全服务

公司，公司的股东之一扬（Jan）接听了电话。令我感到安慰的是，他完全符合典型的德国人形象：语调深沉平缓，一本正经，冷静理智。雇用每位保镖的花费是每小时 52 欧元，6 小时之内都是这个价格。与雇来保护自己的人讨价还价似乎太蠢了，于是我接受了。

“跟我说说这家伙吧。”扬说，我在电话里能听见他正在按动一支圆珠笔。

“他出生在纽约，几年前搬到伦敦，然后来到杜塞尔多夫演奏长笛——”

“不要个人简介，”扬打断了我，“他多高？”

我花了数年时间追查这个人，竟然不知道他有多高。“可能有 6 英尺？”

“他多大？”

“26 岁。”

“嗯，”扬说，“你以前见过他吗？”

“没有。说实话，我甚至不知道他会不会现身。”

“什么时候在哪儿见面？”

“5 月 26 日，在杜塞尔多夫的 47 阶酒店。”

“这家伙叫什么名字？”

“埃德温・里斯特。”

“再问一下，他偷了什么？”

“羽毛。”

扬沉默了好一会儿。他说保镖如果在房间里，很可能会吓到埃德温，他最好拿着房间钥匙在走廊里候命。我可以拿着对讲机，在需要的时候呼叫他。

我同意这个计划。

“那么，”扬说，“我们会派克劳斯（Klaus）去，在埃德温先生现身之前，他会待在大厅里。带上现金。”

在访谈的前几天，我近乎狂躁，紧张地准备了一份详尽的问题清单。我知道我不能开门见山地问他失踪鸟皮的去向，但我也不清楚他会给我多长时间。我将问题进行了排序，希望能将他一步步逼得没有退路。对事件的某些部分，我会假装并不知情，看他是否会对我说谎。我要弄清楚，隆所扮演的真正角色。

当我在心中预演我们的会面时，我始终无法摆脱一个困扰我的问题：他会不会不出现呢？会不会只是耍我，让我跨过千山万水坐在空荡荡的宾馆房间里傻等呢？我刚刚花几千美元飞到了一座我从未特别想去游览的德国城市，又花几百元雇了一名德国保镖，但我甚至没有埃德温的手机号码。这并不是深思熟虑之举。

当我们缓慢地拉着行李通过洛杉矶国际机场的安检线时，玛丽·约瑟问了一个我无法回答的问题：“告诉我，他为什么同意跟你见面？”

22
“我不是小偷”

访谈前的那个晚上，时差和紧张的神经让我无法入眠。玛丽·约瑟睡着了，我静音观看着德国版的“家庭购物”，节目中家庭主妇们正在叫卖一款被称作“斯奇兰克斯图兹”的塑身内衣。我花了几年的时间才让埃德温与我交谈，现在我要昏昏欲睡地去见他了。如果我未能注意到一些关键的信息该怎么办？如果我忘记拿一份重要的证据跟他对质该怎么办？

太阳已从东方升起，青灰色的天空中已透出丝丝亮光，而我仍然睡意全无。玛丽·约瑟睡觉时，我悄悄地走进客厅，在咖啡桌上安装了一支枪式麦克风，在附近的软垫椅下藏了第二个录音设备，在电视后面藏了第三个录音设备。我要确保万无一失。

保镖克劳斯在 10 点现身，比埃德温预计到达的时间早了一小时。他看起来完全就是个巨人，身高 6 尺 4 英寸，体重 250 磅，运动套装紧绷在身上。他留着寸头，看起来好像是自己用刀刮的，他几乎一句英文都不会讲。他朝我们房间外走廊黑暗角落处的一把椅子指了指，从上衣里掏出了两个对讲机，递给我一个，并看了我一眼，让我放心。

我回到房间，躺在沙发上，将对讲机藏在一个沙发靠垫后面。我仔细阅读已经准备好的问题，这时埃德温在调查过程中呈现出的各种形象在我脑海中一幕幕闪过。埃德温·里斯特犯下了本世纪的自然历史奇案。埃德温·里斯特是个天才，策划了一桩劫案，为自己带来了巨额收益。埃德温·里斯特是才华横溢的长笛演奏家。埃德温·里斯特与很多年轻人一样，只是做了一件蠢事。埃德温·里斯特患有某种疾病，或许是阿斯伯格综合征。埃德温·里斯特迫切需要金钱来缓解家庭的窘境。埃德温·里斯特是飞蝇绑制的明日之星。埃德温·里斯特是飞蝇绑制界的一个污点。埃德温·里斯特是一时冲动。埃德温·里斯特是最棒的。埃德温·里斯特是个自恋狂。埃德温·里斯特是个重犯。埃德温·里斯特不是单独行动的。埃德温·里斯特只是策划者的爪牙。埃德温·里斯特手里还有很多赃物，将在未来的几十年继续售卖。埃德温·里斯特逃过了法网……

一阵电话铃声将我从沉睡中惊醒。"埃德温·里斯特正在大厅等您。"前台接待员说道。玛丽·约瑟迷迷糊糊地走进客厅，这时我正紧张地打开录音设备。我教她如何操作对讲机，然后又将对讲机放回隐蔽处，下楼去见埃德温。

在走廊里，我瞥了克劳斯一眼，示意他做好准备。我转身走下台阶时，他退到了阴暗处。

当时是 5 月，但天气仍带着一丝寒意，埃德温穿了一件双排扣短呢大衣。他比我预想的要高，身高超过 6 英尺。他留着短胡须，戴着名牌眼镜，脖子上挂着一条细细的银链。他挤出一个笑容，向我伸出了手。

寒来暑往，此时距他犯罪已经过去了 5 年，距被捕已经过去了 4 年，距宣判已经过去了 3 年。我不知道，他是否意识到我对他的所作所为有多么痴迷。我们朝房间走去，我在想他为什么会出现？跟我谈话对他有什么好处？他是认为他比我智高一筹吗？他会比我更精明吗？

"埃德温，这是我太太玛丽·约瑟。"我们走进房间时，她向埃德温打了个招呼。我注意到埃德温的目光落在了醒目的麦克风和录音设备上。"她今天负责录音。”我说。尽管我们之前从未讨论过谈话时是否录音，但他同意了，这让我舒了一口气。我主动帮他拿外套，在我拿着他的外套走到椅子旁时，我轻轻地掂了掂他的外套，这时远处传来了警笛声。玛丽·约瑟给他倒了一杯咖啡，然后在沙发上坐下来，戴上了一副超大的耳机来监控录音设备的音量。

“我们能聊多长时间？”我问道。

“我们可以聊两小时，或者在这儿一直聊到晚上，”他笑着说，“这取决于你。”

我低头看了看我的问题，一共 284 个。我来到杜塞尔多夫实际上只想得到两个关键问题的答案。第一个问题：他真的患有让他免受牢狱之灾的阿斯伯格综合征吗？第二个问题：那些失踪的鸟皮是在隆的手里吗？

在最初的两小时里，我问了一连串与他生活相关的问题。他非常愉快地谈到了他的童年、长笛、德国及学习绑制飞蝇的经历。我很喜欢他——他有一种冷嘲式的幽默感，并且思维缜密，在完整地表达自己的意思前，他经常会停下来整理思路。如果不是在这种情况下结识，我们或许会成为朋友。

当我觉得他已经能够放松自在地谈论 2009 年 6 月 23 日的那起事件时，我便问他，他对自己所盗鸟皮的历史意义是否有深入的了解。

他说，他知道艾尔弗雷德·拉塞尔·华莱士收集的鸟类储藏在特林博物馆里，但直到窃案发生的第二天早上，他脱离危险，回到自己的卧室时，才意识到他拿了其中的一些鸟。

“你是怎么处理那些标签的？”我漫不经心地问道。

“这要看情况，”他说，“有些标签被我摘掉了。但我没有全部摘下来。”

他说，如果他知道这些鸟是华莱士收集的，他大概会在处理它们时，多点敬意。

我尽力装出满不在乎的样子，告诉他这几年我从众多飞蝇绑制者那儿听来的说法——博物馆根本不需要那么多的鸟来做研究，他们应该把鸟卖给飞蝇爱好者，只有他们才能真正欣赏这些鸟。

“对于特林博物馆拥有这么多美丽的鸟，你是否心存不满？”我主动问道。

“唔……”他的发音反映出他多年的海外经历——美式的“呃”已经变为英式的“唔”；他说的“和”听起来也更像德国口音。“我不会说我对此心存不满。我的意思是，这是一件令人感到遗憾的事情。”

他喝了一小口茶，然后谈到了博物馆的标本：“在经过一段时间后——严格意义上来讲，我想是 100 年，所有能从它们身上提取的科学数据，都已经被提取出来了。你没办法再利用 DNA，因为你利用它的目的是延长现存鸟类的寿命，给它们提供帮助，但这根本就没起任何作用，鸟类还在灭绝，或即将走向灭绝，这取决于热带雨林的情况。”

这显然是谬论——科学家们最近从密歇根盆地发现的古老水牛皮上的盐类沉积物中，提取了 4.19 亿年前的细菌的 DNA，但我没有打断他。

他说：“那些测量数据和信息都是来自几百年前。”他认为它们的真正价值就是其历史意义。“我明白博物馆是让它们保存至今，否则经过 50 年的风吹日晒，它们早已化为灰烬，但也可以说，他们收藏的就是灰烬。我对此没有意见，因为我知道这就是博物馆的运作方式。但我真的觉得这种方式令人感到遗憾。”

“另外，我不是科学家，”他坦言，“但我真的认为这令人遗憾，它们被装在盒子里，放在黑暗处，一个拿着石头的傻瓜都可以闯进去，把它们带走。”

这真是一种难以理解的观点：他似乎在责备特林博物馆。我转达了普鲁姆和博物馆研究员们的悲痛之情，他们觉得这些鸟皮或许能够解答那些甚至尚未提出的问题，但埃德温不为所动。

他告诉我，如果情况果真如此，他感到很难过。“但同时也要说：‘如果你们现在还没有取得重大突破，你们计划什么时候取得重大突破呢？！’就物种保护而言，嗨，我们不是有点时间紧迫吗，不是从来没有这样紧迫过吗？你知道吧？！”

“我是不知道，”他轻笑道，“我认为像非法猎捕这类事会造成更大的伤害。我认为，从严格意义上来讲，如果博物馆把所有这些东西都拿出来出售，就会满足人们对 50 只印度乌鸦的需求，这意味着有 50 只印度乌鸦可能还在野外生存。”

“哇哦！”我说道。我始终面无表情的脸露出了一丝惊讶：“你是说，你拿了特林博物馆的鸟，是拯救了生活在野外的鸟吗？”

“嗯，这样说有些言过其实，但我希望这是真的。”他咧嘴一笑，然后补充道，“也许从某种意义上来说，这的确是真的。”

我朝玛丽·约瑟瞥了一眼。她已经眼皮发沉，但正强打精神，保持清醒。我想知道房间外黑暗处的克劳斯是否依然清醒。从见到埃德温的那一刻起，我便意识到我完全不需要保镖，但我不想打断谈话，因此没有打发他走人。

埃德温端坐着，十分有耐心。他对科学研究现状的错误解读，只是为他自己的行为脱罪，这令我感到很恼火，但我不是来跟他争辩的，至少现在还不行。我将话题引到他的量刑问题上。

如果说搜寻特林博物馆的失踪鸟皮无意中成了我人生的使命，那其中很重要的一个原因就是我觉得正义没有得到伸张：18 个月的预先策划，至少数万美元的收益，对特林博物馆和未来的研究造成了无法挽回的损失，而犯罪者却一天牢都没有坐。这仅仅是由于他有巴伦 - 科恩博士的诊断，以及布里斯托的阿斯伯格综合征盗墓者为先例。

在提交给法庭的报告中，巴伦 - 科恩的诊断在一定程度上基于埃德温在“成人阿斯伯格综合征评估”中所得的分数，这是他开发的一种诊断手段。埃德温在其律师的建议下接受了这项评估。这项评估搜寻一系列的症状，如眼神交流方面有“明显的障碍”、搓手等“刻板的、重复性的习惯动作，以及无法结交朋友”等。评估中的问题是为了弄清患者是否缺乏“心理理论”——不具备推断他人看法、情感和欲望的能力。阿斯伯格综合征患者通常很难理解社会情境或预测他人的想法。

这几年，我跟许多认识埃德温的人交谈过，他们认为阿斯伯格综合征诊断纯属无稽之谈。埃德温在被捕时，已经和他在皇家音乐学院的女友交往了 3 年。无论是在学校，还是在飞蝇绑制圈，他似乎都不乏朋友。那些在他早期飞蝇绑制生涯中指导过他的人，一致认为他魅力十足。我始终对临床专家怀有一份尊重，但此刻，访谈已进入第四个小时，我对医生的诊断表示严重怀疑。

埃德温是个很棒的访谈者。他似乎没有表现出这种疾病的典型症状。事实上，我觉得他反应相当敏锐，善于察言观色。他能提前几步察觉我将要问什么问题。如果我质疑某个答案，稍微皱下眉头，他会立刻调整，尝试一种新的说法。他很讨人喜欢，令人戒心全无，但他善于掌控我的心思，很少放松警惕。

“我正在思考你的总体计划，设想了在闯入博物馆之前的几个月，所有可能发生的情况。”我说，“而如今，你的命运掌握在萨夏·巴伦-科恩的表兄手里。”

“我的意思是，这些东西你无法设想！”他笑着说，“真的！这完全没可能！这令人难以置信。在那个时候，你不会认为‘波拉特的表哥在询问我，看我是不是弱智’。”

“那你当时是怎么看的？”

他将声音提高到鼻音区，仿佛在取笑自己诊断时的心态：“噢噢……也许我是有问题，这个家伙是专业的，好吧，没错。”

“于是我接受了，”他说，他的声音恢复正常，“我是说，虽然就诊断方式而言，这一点也不科学，也不符合医学标准。”

“在你面前这样说很奇怪，”我大胆地说，“但你看起来不像阿斯伯格综合征患者。比如，你可以进行眼神交流。”

“呣……”他在座位上挪动了一下，开口道，“我想，这个问题困扰了我很久。因为很显然，我得到了一个诊断结果，并且这位诊断者大名鼎鼎、学识渊博，是这方面著名的教授和专家……

“我并不想说，我对此很感激，”他继续道，“但我确实对此心怀感激，如果没有这份诊断，我大概会在监狱里待上两年，甚至更长的时间。我花了很长时间试图从这种状况中恢复过来，因为我认为我患有阿斯伯格综合征。嗯，或许我真的有。但有一段时间，我觉得我真的有精神障碍，当你一直想着这些事情的时候，这些事情就成真了。”

“你这话是什么意思？”

他告诉我，在被捕前，他在眼神交流方面从来没有任何问题。几年后的今天，他说："我可以正常进行眼神交流……这不成问题，我不会主动去想眼睛！不能这样做！"但在量刑听证会前的那段时间，"我开始想眼睛！我不能看那儿！"他瞪大了眼睛，滑稽地摆了摆手。

我还没来得及说什么，他便说："另外就是，噢，自闭症患者会有点抽搐，于是我就坐在椅子上，不停地搓手。"

他发出了奇怪的喘息声，开始在座位上摇晃。"就是会有一些重复性的、自闭症状的肢体运动，在你还没有意识到之前，你便坐在椅子上前后摇晃，无法进行眼神交流……因为这些症状。"

他微微一笑。我向后靠了靠，试图掩饰我对此说法的反应。在牢狱之灾临头时，他变成了他需要成为的样子。

我飞快地低头瞥了一眼笔记，又朝玛丽·约瑟看了一下。她在与时差的搏斗中败了下来，现在睡得正香。对讲机的天线从沙发靠垫后面露了出来。我在想埃德温所处的有利视角是否能看到它。如果她不小心弄响了接收器，克劳斯就会冲进来，毁了这次谈话。

"被诊断患有阿斯伯格综合征，"我大声说道，希望能吵醒她，"你是否认为你的是非观不太成熟？"

"姆……"埃德温答道。这时，玛丽·约瑟勉强睁开眼睛，注意到了对讲机。"事实是，每当我说我的是非观不太成熟时，听起来都有点像在试图逃避责任。姆。我当时还年轻。"

他意识到自己讲错话，便更正道："当然，很多人都有非常非常成熟的是非观，即便他们也很年轻，而有些人却需要不断培养这种观念。我认为……我没有经历这一过程。"他将其归咎于自己没去学校，而在家接受教育，当他行为不端时，他只会和他妈妈发生矛盾。“让我们面对现实吧，每个人都会跟他的父母发生矛盾，然后就没事了。”

我画掉了清单上其他与阿斯伯格综合征相关的问题。我已经得到了答案。

他意识到，在谈论他的诊断结果时，我稍显不悦，于是说：“这就是法律系统的运作方式。这就是司法制度的运作方式。有时，这对于受害者和犯罪者来说，都非常不公平。”

我们停下来用餐，我点了三明治。我不想他有任何借口离开房间；我不想让他撞见克劳斯；不想让他在坦白某事的时候，没有录音。我等了 3 年的时间才让他走进这间房间，我会想方设法阻止他离开，直到我查明有关隆的情况。

西沉的太阳和大雾中亮起的街灯，提醒我现在大约是下午 3 点。我用笔戳了一下大腿，让自己打起精神，决定是时候谈谈他的挪威朋友了。

我首先说，很多人认为他不是单独行动的。

“不管你接下来要说什么，”他插话道，“我已经说过很多很多遍，隆没有参与其中。完全没有，绝对没有。我给他寄过鸟。他是在展会上展示过那些鸟。我想这就是他卷入这件事的原因。他什么都没卖。我也没卖给他任何东西。他没有参与谋划。他不是幕后主谋。”

他仿佛能读懂我的心思。“你寄给他多少只鸟？”

“3 只。”

“多少只？”我开始在一摞厚厚的资料中筛选，寻找记录着特林博物馆失踪鸟皮的电子表格。

“3 只。2 只或 3 只。”他目不转睛地盯着我，“我记不清是 2 只还是 3 只。”

“那你自己卖了多少只？”

“我只卖了 2 只印度乌鸦和 2 只鹈鹕。”他的回答越发没有条理。他纠正道：“3 只印度乌鸦和 2 只鹈鹕，所以总共是 5 只，包括羽毛。”

这无疑错得离谱：在审讯时，他承认卖掉了 9 只鸟。在他被捕后，他的客户已经还给了博物馆 19 只鸟。

我一边翻阅文件一边说：“大英自然历史博物馆称共有 299 只鸟被盗，现在仍有 64 张鸟皮下落不明。”

他突然插话道：“无论他们盘点得多么仔细，我都无法相信，他们在任何一个时间点都能确切知道鸟的数量。他们或许知道达尔文收集的雀类和华莱士收集的鸟类。但是对于其他那些在科学领域不那么引人关注的鸟，我无法相信他们会关注它们！”

“但那不就是他们存在的全部意义吗？为什么相信他们有一份清单会这么难？”

“因为你一旦有了一份清单，你为什么要更新它？”

我一时间感到很困惑，问道：“你这话什么意思？”

他问道：“你为什么要在被盗之前更新它呢？”

“但如果他们清楚 2005 年，他们有 17 只火红辉亭鸟，而现在，2009 年，却一只也没有了。为什么这个数字值得怀疑？你是说，其他人拿走了它们？”

他对我说：“我不能这么说，因为我没有证据，但要说之前没人拿走过，我认为不大可能。可能是任何一个在那儿工作的人拿走的。他们意识到我到过那儿，唯一的原因大概是我打破了一扇窗子……如果我每种鸟只拿两只，我怀疑他们永远也不会注意到。”

我知道埃德温在警察局接受审讯时，并没有对清单上的数字提出质疑。

我举起了特林博物馆的电子表格，他脸上闪过一种似曾相识的神情。

我说道："在我看来，这并不是一份随意列出的清单。我大声读出了电子表格中每一栏的标题：'2009 年 7 月失窃标本的数量''有标签的完整标本，无标签的完整标本''邮寄归还的数量''尚未寻回的总数'。他们似乎十分清楚丢失了什么。"我表情严肃地说道。

片刻之前，他的声音还充满自信，盛气凌人，而现在已变得含糊不清。"我承认，我想，这看起来非常非常全面，而且看起来非常非常精确。"

既然我们可以不用在数目上纠结，我便开始出示所有我收集到的有关隆的证据。我将打印材料上的脸书网上交易记录和论坛帖子读给他听，隆在上面亲自证实了某些鸟皮质量上乘。我将作案进程表摆在他面前，据进程表，俩人从日本返回后不久，销售量就开始飙升。

"你告诉我隆并没有参与其中，现在你知道我为什么不相信了吧？"

他垂头丧气地说道："我明白你的意思，而且，并且，嗯，我，你知道。这看起来很糟。总的来说。"

我继续道："所以，关键问题是，如果仍然有 64 张鸟皮丢失，它们不是应该被还回来吗？它们在哪儿呢？"

"如果它们在某个人手里，我对此真的一无所知。问题是，它们是在同一个人手里吗？"

"但是，"——我被他的回答激怒了，停顿了一下——"难道你不是最有资格回答这个问题的人吗？"

"为什么这么说？"

"是你拿走了它们！"

埃德温告诉我，他从未花大量时间思考那些失踪鸟皮的下落。他坚持说："它们不在我手里，也不在隆那儿。我不知道它们在谁手里。"

我显然很恼火："我认为这完全说不通。"

他继续道："我想那个女侦探那时一直在寻找我的同伙或司机，因为她不相信我乘坐的是火车。"他边说边摆弄着他的茶包，"他们很难相信，一个18岁的傻瓜带着一个行李箱，用一块石头能从自然历史博物馆偷走一整箱的鸟，并且走了45分钟，搭上火车，然后离开。"

他继续说："即使在我看来，这也很离谱。"

我问道："你认为隆会跟我谈谈吗？"

"我觉得，你可以试试。我可以跟他聊聊，建议他跟你见一面。"

我低头看看录音机，上面的计时器显示录音时间已经接近8小时。玛丽・约瑟看起来已经睡意昏沉。是时候结束了。埃德温警觉如初，而我却精疲力竭。

当他收拾东西的时候，我们聊了一下他在德国的生活。我开玩笑地问他，他的朋友是否会取笑他是个偷羽毛的小偷。但他一听到"小偷"这个词，脸色便阴沉了下来。

"我尽量避免某些字眼。"他说，"小偷便是其中之一。这听起来很奇怪，但我不觉得自己是个小偷。你知道，在我看来，小偷是在莱茵河边，趁你不注意时，掏你口袋的人，并且他们第二天还会回来，寻找下一个受害者。或者是一个以入室行窃为生的人，或者是四处走动，从学校偷东西的人。"

我决定不提他从学校偷电视的事。

"在我看来，我不认为自己是小偷……我不是小偷。从这个意义来讲。人们可以放心地把钱包交给我。我不会据为己有。如果我捡到别人的钱包，如果里面有身份证，我会把它交给一个能托付的人，之后会还回去。”

在出门的路上，他告诉我，有关后续问题，我可以随时给他发邮件。但我们似乎都清楚，这是我们第一次、也是最后一次交谈。

他走后，我付钱给克劳斯，随后便沉沉睡去。

第二天一早，天空飘着细雨，我慢吞吞地走下楼，去用酒店的自助早餐。街对面，德内 & 格尔・德内尔烤肉店的店主做好了准备，来迎接清晨光顾的人群，但他们从未出现。他将肉放到烤肉扦上，我看着肉一直旋转，直到颜色从泛白变为铁锈色。店面雨点斑驳的窗户上写着“这比你想象的美妙”。

我反复收听谈话的重点部分，始终觉得难以置信。我想知道他是否真的欺骗了巴伦 - 科恩博士。他是否也欺骗了我？埃德温的话真假参半。他似乎并未感到十分懊悔。尽管他在听证会上，听到了博物馆研究员们谈及这对科学研究的沉重打击，但他仍然对博物馆的使命感到怀疑，一度笑称其为“落满灰尘的老旧垃圾场”。他在这一问题上区别对待，将偷窃他人与偷盗如博物馆这样的机构区分开来。

他说话的样子就像知道自己逃过一劫，并且知道是谁帮助自己逃过一劫。

我的手机嗡嗡作响，收到一封电子邮件。

嘿，柯克。刚收到埃德温的消息。有趣的案子，关于我的有趣故事。如果你想与我面谈，我今年夏天有时间。

此致敬礼，隆。

23

挪威三日

我们回到洛杉矶的家中，玛丽·约瑟对我说："我一直在想埃德温给出的一个答案。"

"只有一个？"

"当你问他，他的行李箱是什么颜色时，他不记得了。"

我翻阅他录音的文字本，找到这个答复："我不知道。行李箱通常是黑色的。"这个答案似乎难以接受。

"警察不是说，这些鸟能装满 6 个垃圾袋吗？"玛丽·约瑟问道。

"谁会不记得自己行李箱的颜色？！"我惊呼道，还是比我妻子反应慢了半拍。

"你认为就一个行李箱能装下 299 只鸟吗？"她继续道。

我明白了她问题的真正意图——多个箱子就意味着不止一个人——我拿出了一个中号行李箱。我已经见过特林博物馆的那扇窗子，我知道他无法将再大的箱子塞过去。接下来的一小时，我们做了一堆假鸟。一双卷起的正装袜就是一只蓝鸫鹛。她将几十件 T 恤衫和洗碗巾都叠成了印度乌鸦的大小，并将她的紧身裤做成凤尾绿咬鹃的尾部。

我们开始打包。玛丽·约瑟查阅了特林博物馆的电子表格，数出了每种鸟的数量。当行李箱装满一半的时候，我们已经塞进了 80 只鸟。当然，我们的实验很难称得上科学严谨——用我的毛巾做成的火红辉亭鸟可能个头有点大——但看起来，将所有的鸟都装进一只箱子似乎并非易事。我听说埃德温还用了一个双肩包，但谈话时，我忘了问他这个问题，而他现在已经不再回复我的消息。

我抬头看着玛丽·约瑟。

“你觉得那天晚上隆在现场吗？”她问道。

***

我从未如此迫切渴望飞机降落。挪威航空公司的班机飞过大洋，慢慢接近奥斯陆，我心中的猎犬也随之迫不及待地跃跃欲试。我逮到他了。在我初次听闻这桩窃案的 4 年后，我将要找到特林博物馆那些失窃的鸟。

我发现隆就是悟空已有两年的时间，在这两年里，隆在特林劫案中所扮演的角色几乎令我痴迷，在我脑海中挥之不去。在谈话中，埃德温为他所做的辩护毫无力度，我几乎确信隆就是幕后主使。我重新设想了劫案的关键环节，这一次，我将这位神秘的挪威人置于其中。他是否帮埃德温爬过了墙？他是否紧随其后，带着另一个行李箱进入博物馆？他是否蹲在灌木丛，拿着对讲机，随时告知埃德温保安的动向？他是否开着一辆着色玻璃的宝马车在外面徘徊？还是他在挪威的某个庄园里操控全局？

阿黛尔知道我怀疑这位挪威人，正等着我的消息。在挪威之行前的几个星期，我准备了更多的问题。每个问题都经过精心设计，以透过谎言，探明真相。我将“时光倒流机器”中的论坛帖子、他各种销售记录的截屏、我访谈埃德温的文字本，以及把他和进程表中关键点联系起来的脸书网评论和照片，都打印了出来，精心地排放在文件夹中，我要用这些证据使他无路可退。

当其他乘客睡熟时，我脑子里一直幻想着让他露出破绽，承认失踪的鸟皮就在他手里，然后挥手召唤躲在树林里的国际刑警组织探员，让他们冲进来。

我的文件夹里还有另一张图像：一张超声波图像。就在我启程前的几天，我们得知玛丽·约瑟怀孕了。

我的邻座是一位40多岁的美国女人，脖子上围着一个艳粉色的护颈枕。飞到格陵兰上空的某个地方时，她带着热切的微笑望向我，问道："你住在瑞典吗？"

"不。"我盯着飞机上的地图，目光沿着洛杉矶到奥斯陆那条红线搜寻，试图找到一个合适的答复，"我住在洛杉矶。"

她点了点头，说道："我太兴奋了！"

我生长于美国中西部，在我眼中，挪威的乡村景象似曾相识——谷仓漆成番茄红色，干草在入冬前整齐地捆成捆，圣诞树般绿油油的杉树林里点缀着一簇簇褪了色的金色桦树。我竭力劝说隆让我到他的家中进行谈话，他家位于挪威首都西南部的小村阿斯克，需要乘坐火车沿奥斯陆海湾行驶30分钟才能到达。我不想在拥挤的咖啡馆中与他对质。我有一个非常古怪的想法，指望他或许会留下一份显而易见的罪证——一只从橱柜箱子里探出的翅膀，或长沙发下露出的闪着微光的斑斓羽毛。

列车员宣布我们到达邦迪凡车站，此时已接近清晨。列车时间表上的这一站，隐现于银白色的树林和泪滴状的湖泊之间。

我的手机嗡嗡作响，我收到了哥哥发来的短信："你在犯罪小说家尤·奈斯博（Jo Nesbo）的国家……小心！"

阮隆向我打招呼，朝我灿烂地露齿一笑，眼中闪烁着光芒。他头发乌黑，梳着乱蓬蓬的锅盖头。埃德温向我介绍过隆，与所有挪威人一样，由于国家的石油财富，他“总的来说，是个百万富翁”。但当我与他握手时，我看到的是一个穿着朴素的学生：匡威篮球鞋、做旧的牛仔裤、法兰绒衬衫和一件薄冬装外套。他正进行风景园林学最后一年的研究生学习，但除此之外，我对他几乎一无所知。

当他带我穿过一条林间小路时，我们都觉得有些紧张，于是聊起了天气、我住的酒店以及挪威高昂的物价。我想起了哥哥发给我的短信，甚至设想埃德温会从松树后面跳出来。最终，我们来到了一排 4 层的公寓楼前，它们看起来像是 60 年代建造的。阳台上涂着一层厚厚的红鲑鱼色油漆。

当他在房门前摆弄钥匙时，我听到一只鸟因主人回家而欢快地叫着。他背对着我，这时，我在手机上用谷歌定位，将位置发给了玛丽·约瑟，以防万一。

我仔细观察着这间昏暗的公寓，他和他的一个姐姐合住在这里。床上装饰着各种画着鸟类的无框油画和炭笔素描。书架上塞着装满孔雀羽毛的花瓶和罐子。五颜六色的鱼在一个 100 加仑的鱼缸里游来游去。

我的眼睛还未完全适应，一道翠绿色的光便从另一个房间冲了出来，直奔我的脸而来。一只绿颊锥尾鹦鹉像一枚热追踪导弹一样，拍打着翅膀飞到我肩上，它开始冲着我的耳朵尖叫。

“见见林（Rin）吧。”隆一边笑道，一边走去厨房沏茶。

我轻抚着鹦鹉的脸颊，这时它像猫咪一样闭上了眼睛，用喙蹭我的手指。我和林走到书架前，我在下层的架子上，发现了一大堆日本漫画，再上一层精心排列着他收藏的有关飞蝇绑制的早期经典作品。最上面摆着一个小小的竹质相框，里面放着他和埃德温在日本拍摄的照片。

我转了个弯，发现自己直对着一幅奇异鸟类的画像，这幅画正是我在他的脸书网页面上看到的那幅。这使我把他和悟空联系了起来。他在网上说这是送给埃德温的礼物，但之后，他显然改变了主意。

“我猜你想看看我的飞蝇绑制台。”一个声音从我的背后传来。

我走进他的卧室时，心跳加速，他的卧室比壁橱大不了多少。他的床是一张没有床架的双人床垫。这个狭小房间的其余空间都被他绑制飞蝇的大桌子占据了。在此之前，我也见过不少工作间，但从没有哪间会这样凌乱。

“你怎样找到你需要的材料？”我问道。

“每枚飞蝇都需要花双倍的时间找材料。”他慢条斯理地答道。我意识到，他正在看着我观察他的房间。我突然觉得自己像个入侵者。我说服了这个显然对我心存戒备的人，不远万里来到此地。他不仅让我进入内室，还允许我带录音设备，这样我便能捕捉到谈话中每个令人不安的时刻。

我们决定在厨房里谈话，林那冰箱大小的笼子占了厨房三分之一的空间。他的鸟还在我的肩上，我在桌旁找了个位置坐下，桌上堆满了各种各样飞蝇绑制者的名片和一卷一卷的蚕肠线。厨房的工作台面上摆着另一个鱼缸，只不过这个鱼缸散发着霉味，里面的水几乎快干了，两侧长着像烟雾一样的条状孢子。如果隆是个亿万富翁，他显然未让这点影响他的生活方式。

隆倒上茶，摆上面包、黄油和焦糖味的棕色挪威奶酪，然后开始将他人生的故事娓娓道来。

他与埃德温同岁，1988 年出生在挪威古老的维京之都特隆赫姆。他的父母于 20 世纪 70 年代中期的“船民危机”期间逃离越南，在马来西亚逗留了一段时间后来到挪威。隆的家中共有 4 个孩子，他排行老三。他的父亲每天需要在餐馆工作很长时间，在休息的时候，他喜欢钓鲑鱼——他的钓具盒里装满了色彩鲜艳的鱼饵。

隆从 3 岁起便开始画鸟。他对其他事情几乎都不感兴趣，只爱画空中飞翔的鸟，将书中看到的鸟都照着画下来。他 6 岁时，母亲死于肺癌。在弥留之际，家人都围在她的床边，隆不懂究竟发生了什么。他的父亲痛失爱妻，一蹶不振。他自我封闭，陪孩子们的时间越来越少，并沉迷于赌博。社工很快便来家中拜访，照看孩子们，带他们去看医生、参加学校的各种活动。

10 岁时，隆和他的兄弟被送到他所谓的“机构”中居住，这是为处于困境中的男孩们提供的一个家。他仍然就读于原来的学校，但他始终觉得邀请同学到“家”中做客很尴尬，因此，他并没有和谁结下深厚的友谊。

在孤独寂寞中，他开始绑制飞蝇。他试着凭记忆再现父亲钓具箱里的各种飞蝇。他找到了一本关于鲑鱼飞蝇的杂志，随即便沉浸其中。他放学一回到家就开始绑制飞蝇，有时还会错过晚饭，一直在绑钩台前忙到睡觉时间，其他的一切都被抛诸脑后。有时，一枚飞蝇要花上几个月的时间才能完成：他绑到三分之一的时候会发现，这种式样需要一根他没有或买不起的羽毛。他课余时间在当地的一家宠物店做兼职，开始攒钱买自己需要的材料。

他有一位名叫格蕾塔（Greta）的老师，她是个心地善良的女人，意识到这个早熟的男孩需要关注和肯定。她和丈夫把隆和他的兄弟姐妹当成自己的孩子，在得知隆在绑制飞蝇方面的天赋后，两人带他开启了一段特别的丹麦之旅。在丹麦，隆在延斯·皮尔加德的“飞鸟 & 羽毛飞蝇绑制商店”遇到了他。这是隆第一次看到整张的印度乌鸦、蓝鸫鹛和其他奇异鸟类的皮毛。延斯保证自己所有的材料都是合法的，有《濒危野生动植物种国际贸易公约》的许可证。他收隆为徒，教他绑制飞蝇的技巧，偶尔还送给他羽毛。这些年来，他们的关系变得越发亲密。

十八九岁时，他已经是挪威一流的飞蝇绑制者。他成了经典飞蝇绑制网的论坛成员，吸引了世界各地的崇拜者，并结交了许多朋友。成年人都向他讨教绑制飞蝇的技巧，他偶尔在网上分享自己所绑的飞蝇和所绘鸟类的图片，人们纷纷表示赞赏。

但最令他骄傲的是他吸引了大师埃德温的关注。隆早已在杂志上读过有关这位美国飞蝇绑制者的报道，并为他的飞蝇感到赞叹不已。他不敢相信，自己现在正与“飞蝇绑制的未来”交谈。

这个在简陋厨房里给我倒茶的人，真诚而又饱经创伤，但我不能为表象所左右。我试着亮出真刀真枪，直奔主题，但他显然跟我想象的完全不同。

“他给你寄了什么鸟？”我脱口而出。

“他给我寄了几张鸟皮，”他平静地答道，“我想用那幅画作为交换，实际上……”他的声音渐渐消失。

“什么鸟的皮？”

“他寄给我某种伞鸟，我想他寄给我一只金……那叫什么来着？”他在思考其英文说法，“火红辉亭鸟。”

“他不想让我知道真相——这些鸟是偷来的。”他继续道。我在背包里翻找装着证据的文件夹。

“他一共寄给你多少只鸟？”

“我真的不记得了，但我想大概是 3 只，也可能是 4 只。”

这种说法与埃德温告诉我的很相近，这值得怀疑。两人要统一口径并不难，但两人的说法一致，也可能是因为他们讲的都是事实。

我拿出了悟空网上活动的所有截图，开始读每一篇帖子的确切日期和时间："整张雄性火红辉亭鸟皮""出售印度乌鸦胸甲""出售紫胸伞鸟皮"。隆打断了我，说这些物品从来就不在他手里——他只是替埃德温发帖，但我提醒他埃德温已经有一个易贝网账户，一个网站，并且知道怎样在论坛上发帖子。

"他究竟为什么需要你的帮助呢？"我问道。

"我想，这说不通。"他以一种懊悔的口吻说道。

我就每笔交易的情况问了一连串的问题，问他谁买了什么东西，但隆说他什么都不记得了，包括是他还是埃德温收的钱。

"不过，你应该记得，不是吗？！我不想当个令人讨厌的家伙，但你应该记得。这些东西值几万美元！你难道不认为你应该记得吗？"

林还站在我的肩膀上，它开始变得烦躁不安。

"我想我没卖出几万美元的东西，"他说，"我记得最清楚的都是那些小额交易，比如卖成包的羽毛。"

"他是把这些寄给你，然后再由你寄给买家吗？"

"我不记得了。"

林开始大声尖叫，我的耳朵嗡嗡作响。我变得越发懊恼。隆与埃德温之间的瓜葛已经严重损害了他的声誉。延斯是他昔日的导师，待他如子，但延斯给我转发了一封邮件，他在邮件中断绝了与隆的关系，就因为隆与偷来的鸟有牵连。人们说他替埃德温销赃，又说他是劫案的幕后主使。这是他人生中的大事，让他付出了惨重的代价，他怎么可能忘记细节呢？

他感受到我情绪的变化，于是说道："我花了4年的时间，试图忘记这一切。你现在想将所有的旧事重提。这真的很难，因为我一直在努力把这件事抛在脑后。对我来说，细节已经模糊不清，因为我一直试图让这件事告一段落。”

“是啊，我也一样。”我轻声嘀咕道。

“埃德温告诉我，你是他被捕后最先接到他电话的几个人之一。”我试着换一种方式接近真相，于是问道，“他对你说了什么？”

“他把一切都告诉我了。我意识到我所做的一切……我以为我在帮助一个朋友！相反，我其实是在作茧自缚。我很天真，认为我应该对埃德温友好。但这完全就像在朋友背后捅刀子……是你能做的最糟糕的事情。他的所作所为令人震惊。”

隆告诉我，此后不久，他便将他手里的鸟皮寄回了特林博物馆。他意识到人们或许会因他发的帖子而产生误解，于是感到很恐慌，开始删除网上记录。他说：“这就是我删除论坛上所有帖子的原因，因为看起来我就像是整件事的主谋。”但他现在意识到，这只会让他的行为更加可疑。他露出绝望的表情：“这简直蠢透了。”

谈话又进行了几个小时，他一点点记起了细节：他记得他通过贝宝收款，然后将钱转给埃德温。我问他埃德温是否付给他酬劳，他承认他收到了一些羽毛作为报酬。飞蝇绑制者们为奇异鸟类展开竞拍大战，他也不例外，也中了这些鸟的魔咒：他十分渴望得到蓝鸫鹛和印度乌鸦的羽毛，以致他都没有冷静下来，仔细想想一个吹长笛的学生怎么会有这么多珍稀鸟皮。

我读着我和埃德温谈话稿上的内容，他在谈话中将自己被捕归罪于隆，责怪他在谈论收到的鸟时，太过轻率。我当时还没有发现是埃德温搞错了——使他暴露的不是隆，而是那个荷兰人安迪·伯克霍尔特，是他将一只可疑的鸟给艾里什看的。我抬起头，想看看隆脸上是否有受伤的神色。

“我应该有什么感觉？我直到现在才知道。他从来没提过是因为我……”他的声音越来越小。“我并没有感觉很糟，”他说道，似乎是在试图说服自己，“我替他感到难过。我不赞成他的所作所为，但作为朋友，我支持他。”他的情绪在愤怒与悲伤之间来回摇摆。

他感到很受伤，在这种情况下，我再次提起了失踪的鸟皮。

“很多人可能认为这些鸟皮在我手里。”他轻声说。

“为什么？”

“因为我和埃德温关系亲密……人们这样想很自然。”

“那在你手里吗？”

“不在。”

“你怎么证明呢？”

“我没办法证明。”

“那么问题就变成了，它们在哪儿呢？”

“我不知道。”

“但这怎么可能呢？”我气急败坏地说，“你怎么会不知道呢?！你和埃德温都不知道。”

“我不知道，因为只有一小部分是通过我出售的。其余的，他不是通过我卖的。”

我们默默地坐着。太阳几个小时前就已经落山了。他买的那些食品杂货——意大利面、一瓶红酒、蔬菜和一种挪威棕色沙司的配料——还都放在购物袋里。返回奥斯陆的最后一班列车即将开走。

在我到达的10小时后，我们拖着脚步走到火车站。此时，我头疼脑涨，声音嘶哑，饥肠辘辘。火车轰隆隆地驶进车站，这时他一脸严肃地看着我说："听着，我知道自己干了什么。"我还没来得及追问，车门就砰地关上了。我不知道我是否还能再见到他。

在回奥斯陆宾馆的路上，我仔细琢磨了他的话。如果这是承认罪行，无论是对他还是对我而言，这都不是一种解脱。如果这是宣告无罪，那又不太有说服力。

宾馆里那个不幸的小冰箱，被我风卷残云般一洗而空——成罐的香辣干果、巧克力棒和醋味薯片，我服下安眠药以对抗随之而来的胃痛，然后倒头睡去。

清晨，前台打来的电话将我从睡梦中叫醒，告诉我有一位隆先生正在大堂等我。我睡眼惺忪地走下楼去，发现他正坐在沙发扶手上，一脸焦虑的神情。

我们走出宾馆，准备喝点咖啡提提神，这时我意识到这次谈话给他带来了多么大的震撼。他说他正考虑放弃飞蝇绑制，但担心他通过这个爱好结交的朋友会嫌弃他。他不停地问我问题，这些问题都是有关如何过上有道德的生活，以及在现代社会作为一名公民是否有可能对环境负责。他问道，难道我不是仅仅因为一次奥斯陆之行就否定了一贯信奉的循环利用的价值吗？难道我腰带上那只产皮革的动物就没有受苦吗？那食肉又怎么说？

"隆，我不确定，这是一个有关动物保护的问题……我们在谈论的是一桩偷盗死鸟的重罪。"

他严肃地点了点头。

我们在奥斯陆的街头漫步，我意识到他觉得既然访谈已经结束，我们就可以只是闲逛，或许甚至可以成为朋友。

谈到动物和兽皮，我便忍不住冲进了一家陈列着奢华兽皮的店面。店里，一只巨大的北极熊标本以充满威胁的姿势蹲坐着，旁边的桌上躺着一只小海豹标本。经理是个优雅的女人，梳着一头乌黑的头发，她用怀疑的目光打量着我们俩：我们看起来好像买不起她卖的东西。

商店的角落里摆放着 8 个架子，上面堆着北极熊皮，总共有 10 张。体形较小的雌性每张售价为 2.5 万美元，体形较大的雄性起价 5 万美元。我站在最大的那张熊皮前，那只熊的下巴长得很大，牙齿闪闪发光。如果将它作为地毯，面积可达 15 平方英尺。当我告诉那个女人，我是美国人时，她嘲笑道，如今我绝不可能把一只北极熊带回家。这都是沃尔特·帕尔默（Walter Palmer）干的好事。这位美国牙医付给津巴布韦的一位向导 5.4 万美元，让他帮着寻找狮子。狮子塞西尔（Cecil）便从禁猎区被引了出来，随后被射杀、斩首、剥皮。这个消息一传出，帕尔默便成了世界上最令人厌恶的牙医。她说："你永远无法通过海关。"当说到海关时，她冷笑了一下。

回到街上，我感到很懊恼。从隆对我此行环保意义的质问到帕尔默一事，我意识到人们有无穷无尽的方式来为自己的不良行为辩解。帕尔默指责向导将一头受保护的野兽引诱到他的枪口之下。埃德温称，他盗窃的是一个机构，而不是从某个人那儿偷东西，他断定这个机构已经不再参与任何有意义的科学研究活动。隆说，他只是信任一个朋友，从未怀疑一个学生为何突然拥有这些价值连城的鸟皮；此时他正怀疑食肉者是否比飞蝇绑制者对环境造成更大的破坏。如果有飞蝇绑制者怀疑自己手里的羽毛和鸟皮来自特林博物馆，他们会认定博物馆给出的失踪鸟皮数目只是猜测，并不准确，以此来使自己免受良心的谴责。

我希望有人站出来，承担责任，坦承自己的罪行。

我们在阿克尔码头附近转了转，神偷酒店就坐落在这一地区的中心。他显然希望询问已经结束，但我还是忍不住要重新提起这个话题。

“你和埃德温的友情有什么了不起的地方，让你经历这么多，还是决定帮他？以严重损害自己的名誉为代价？”我问道，并提到了脸书网上对他的公开指控。

他痛苦地看了我一眼：“我想这就是朋友的意义。”

隆同时还承认，他对埃德温并不是十分了解。当我问他为什么要为一个甚至称不上亲近的人冒这么大的风险时，他大声说：“我崇拜埃德温！他是我们这一代中最棒的飞蝇绑制者。所以当他请我帮忙为新笛子筹款时，我感到很骄傲。”

“你觉得这是荣幸。”我主动说。

“是的，非常荣幸。”

那天晚上，我和 4 位挪威飞蝇绑制者共进晚宴，我们享用着刚宰杀的鹿肉、蛤蜊和白兰地。我和隆相处得越久，就越同情他，也越对埃德温感到气愤。他一定意识到朋友的弱点并加以利用。他在隆不知情的情况下，使他卷入了一桩罪案，让他处理赃物，收受赃款并转交给他。而且当时他已经得知英国执法部门正在寻找这些赃物。即便在杜塞尔多夫的访谈中，埃德温似乎仍然心安理得地让自己的朋友蒙在鼓里，而此时他早已逃脱法网。

然而，在挪威的最后一日，我醒来时心情很糟。这个周末对我来说似乎已经没有什么意义。经过了大约 20 小时的询问，隆的角色已经从特林劫案的主谋变成一个毫不知情的受害者。他是一个被遗弃的孩子，内心十分脆弱，他最大的罪过就是相信了一个他不该相信的人。但我在失踪鸟皮的问题上没有取得任何进展。尽管隆很天真，会相信埃德温编造的有关鸟皮来源的各种谎言，但他似乎太健忘了，竟然忘了他经手的鸟皮和羽毛的确切数量，这太令人沮丧了。

我是被耍了吗？他是否利用了我的同情心，给我提供了另一个版本的故事，而我又轻易相信了？但我很喜欢他。我希望他能成功，能摆脱这场困境，成为一个更好的人。我不想让阿黛尔或国际刑警组织的探员突然造访他。但我有一种感觉，总觉得他隐瞒了什么，除非我能弄清，否则我是不会善罢甘休的。

他主动提出要在国家美术馆的正门前与我见面。21 年前，在 1994 年冬季奥林匹克运动会的第一天，全国的注意力都投向了利勒哈默尔，而此时窃贼们将梯子搭在美术馆上，从窗户爬了进去，偷走了爱德华·蒙克（Edvard Munch）的名画《呐喊》（The Scream）。他们在原来的位置上，留下了一张明信片和一张手写便条："感谢糟糕的安保措施！"多年来，主谋波尔·恩格尔（Pal Enger）一直把这幅杰作藏在餐桌上的一个暗格里。

我们沿街走着，准备找地方用午餐，隆心情很愉快，跟我闲聊起来。我心不在焉地听着，但最终还是失去耐心，突然说道："隆，我认为你对我很坦诚，但总感觉你还隐瞒了什么。做这件事需要很多步骤！他寄给你鸟和鸟皮，他寄给你已经装好袋的羽毛！他寄给你照片！他让你去邮寄！他让你收款，然后把钱转给他！"

我偷偷地看了他一眼。他低头看着人行道，双手插在大衣口袋里，汽车和行人匆匆而过。

我继续说道："即使你容易轻信别人，你敬仰埃德温，但这看起来有这么多步骤，一个有理智的人会问：'这是怎么回事？！'并且你不是笨蛋！你很聪明，很有才华。"

他沉默着走过了一个街区，然后开口道："我觉得你没有任何理由相信我，因为这听起来太……太不合逻辑了。"

他的声音很轻："我觉得仅是处于这种情况就已经毫无希望了。我没隐瞒任何事，但我感觉像被困在了这个笼子里。我说什么都不重要了。"

"不！"我反驳道，"没有什么是毫无希望的。你说什么当然重要。比如，去年我曾听两个人说，你告诉他们你手里有的是印度乌鸦……我不知道该怎么判断，是该怀疑他们的话，还是该怀疑你。我只是想——"

"查明真相。"他平静地说。

"所以我该如何处理这条消息？"我问道。

"你该怎么处理就怎么处理——"

"但这是真的吗？"

"是的。"他似乎就在我眼前渐渐萎靡不振，他的声音越来越弱，步伐越来越慢。

"你手里是有很多印度乌鸦吗？"

"我有……我还有一些原本打包好要卖的。"

他已经透露了一丝口风，我便随即追问。

"有多少？"

"嗯……也许是 110？"

"鸟吗？！"我惊呼道。

"不是，只是羽毛。"

"哪种鸟的？"我问道，尽量保持镇静。

"Grandensis.Pyroderus scutatus scutatus.Pyroderus scutatus occidentalis. 我想大约有 110 根，或者 100 到 120 根。"

“但现在是 2015 年，4 年前你手里有多少呢？”

他显然很痛苦。我知道他肚子饿了，但我仍不停地追问，否决了他要找餐馆吃饭的提议。我不想这一刻被任何事情打断。

他叹了口气：“要记住数目真的太难了，因为每个包裹里的羽毛数量都很少。我没有数过那些包裹，比如有多少个包裹，多少根羽毛……我不记得卖了多少。我想我可能卖了一半，然后另一半在我手里。”我知道他心里知道数目，而他此时为了不透露这个数目，正在拼命挣扎。

最终，在我的逼问下，他估计这些零散羽毛的总数在 600 到 800 根之间。

我们走进了阿拉卡塔卡，这是一家高档北欧餐厅，距美术馆大约一英里。在其他情况下，在这种地方吃饭意味着特殊的场合：你能有多少机会品尝炸鳕鱼舌或卷心菜蛏子呢？但隆现在正在坦白一个他不曾与人言说的秘密。将此事告诉我，意味着将他埋藏在心里许久的故事公之于众：飞蝇绑制者们指责他与埃德温有牵连，有失公允地诋毁他的声誉。而他最终要承认他们所说的那些令人不安的事情是真的。

服务生拿着我们的菜单走开了。这时，我向前探着身子，问埃德温给他寄了多少只鸟让他卖掉。这大概是我这个周末第 12 次这样问。两天前，他坚称只有 3 只或 4 只，但既然他已经坦白了，我不得不问：“多少张鸟皮，隆？ 10 张？还是 15 张？”

此时，餐厅里正播放着挪威流行音乐，这几乎淹没了他的声音。“10 到 20 张。但绝对没有 50 张。”

我向后靠在座位上。根据不同种类，20 张鸟皮能卖到 2 万至 12.5 万美元。如果羽毛被拔下来零售，价钱会卖得更高。800 根印度乌鸦羽毛的价值高达 7000 美元，这可能是埃德温付给他的一部分报酬。

他焦虑地看着我，期待着我的反应。

“隆，你知道你必须把它们给我看看，对吧？”

“是的。”他的坦白令我们倍感压力，使我们周围的一切都变得模糊暗淡。我抬起头，只见两行泪水从他的脸颊滑落。他感到很尴尬，借口离开，匆匆去了洗手间。

他最终回到餐桌旁，服务生这时正兴高采烈地给我们上菜，他将一只大螃蟹摆在我面前，可惜螃蟹壳上有一个洞。隆茫然地盯着一盘安康鱼和鳕鱼。我们俩都没什么胃口。

我回想起埃德温在杜塞尔多夫的精彩表演，他坚称隆绝没有参与其中，但之后当他承认对他朋友的指控“看起来很糟”时，他咧嘴一笑。我记得埃德温在我们的谈话结束后，曾立即与隆取得联系，建议他跟我谈谈。

“埃德温让你怎样跟我说？”我问道，“他让你对我说谎吗？”

“他说你不是我们的朋友，我们不应该成为朋友。他还说‘我们什么都不欠他’，我应该让你付饭钱，支付所有开销。”

我笑了：“在我来之前，你把羽毛藏在哪儿了？”

“我就把它们放在一个盒子里。”

我们在回阿斯克的火车上几乎一路沉默。我将要见到我花费数年寻找的东西，但我现在没有感到胜利在望，而是觉得十分担忧：如果我告诉阿黛尔，隆参与了这桩罪案，等待隆的会是什么呢？当我们在邦迪凡车站下车时，天色已一片漆黑。我们穿过树林，他这时慢吞吞地走着，仿佛盼望着或许我会改变主意，或者有一颗陨石撞击地球，使他不必再把羽毛拿给我看。

半路上，我问他感觉如何。他停下来，歇了口气。他体力很好，但这一刻他精疲力竭：“我感觉心里空荡荡的。”

他拿着一小本集邮册从公寓里走了出来。集邮册的封皮是灰色半透明的，上面有一些日文。我们的计划是在阿克斯找个酒吧，仔细翻看，但我已经等不及了。

就在小镇外的街灯下，我翻开了集邮册，看到羽毛像邮票一样排列着，每页有 5 行，上面覆有塑料套防止羽毛受损。在黑色背景的衬托下，这些羽毛闪闪发光，就像一颗颗小小的橙色、天蓝色和青绿色的宝石。单是第一页就装着 50 多根印度乌鸦和蓝鸫鹛的羽毛。

我掏出手机，将每一页都照下来，以粗略记录羽毛的数量。这时，我竭力掩饰自己的兴奋。我一页页地翻着集邮册，脑海中联想到了导致这一刻发生的一系列事件：数百年的标本收藏、一个年轻人对飞蝇绑制的热爱（而这已经变成了一种灾难）、精心的策划和劫案本身，以及与斯潘塞在新墨西哥州河流中的邂逅。与此同时，我意识到我所看到的只是赃物的极小一部分，特林博物馆仍有大量的鸟皮下落不明。这些羽毛加在一起或许仅相当于一只鸟。

我将册子递给他。

在我们去找酒喝的路上，我问他，把这些羽毛拿给我看是什么感觉。

隆沉默了好一会儿，然后说道："自从我妈妈去世后，我还从没感觉这么糟糕。"他说哪怕只是看到它们，他就觉得不舒服，想摆脱它们。

他问我是否可以把它们带走，还给特林博物馆。我笑了笑。我原本希望带着满满一箱子的鸟皮离开挪威，并且标签都完好无损。尽管我很乐意将册子还给博物馆，但我拒绝了，并对他说，该做出决定的人是他。

"博物馆会怎么处理它们？"他满怀希望地问道。

"说实话，可能什么都不做。他们会将这些羽毛放在抽屉里，直到我们死后很久，它们还是放在那里。"

24

消失的米开朗基罗

在我返回的几个月后，隆写信告诉我，他的学习成绩一落千丈。谈话结束后，他觉得仿佛他的“生命之源已经枯竭”，他感到很羞愧，因为自己所痴迷的活动竟有如此阴暗的一面。但当我问他是否已经把羽毛还给博物馆时，他说他没来得及还。我开始担心他无法摆脱它们的诱惑。即便如此，我也不会将我的发现告知阿黛尔。隆也犯了错，但相较埃德温，特林劫案似乎对他造成了更大的影响，他因此十分痛苦。

埃德温利用了他，让他销售赃物，这样当有任何人调查这桩罪案时，他们都会发现一个大大的未知数，将矛头指向另外一个人。不然他为何让隆代替他在论坛上发帖子？为何将羽毛和鸟皮寄到挪威，再让隆把它们寄给自己的客户？如果不是为了让隆当替罪羊，他为何让隆用自己的贝宝账户来收款？埃德温的行为没有其他的解释，只能理解为障眼法，将一个崇拜自己的朋友牵连其中，然后自己卷钱走人。

什么样的人才会做出这种事情？在我与隆会面后，埃德温的行为看起来显然是精心策划的，我对阿斯伯格综合征的诊断结果更加怀疑。他是不是真的装出来的呢？

我试着与西蒙·巴伦 - 科恩就此事谈谈，但我的第一次努力很快以失败告终：他告诉我，出于显而易见的道德方面的原因，没有埃德温的允许，他不能谈论此案的细节。但当我问他，理论上来讲一个人是否能假装成阿斯伯格综合征患者时，他回答说诊断结果最终取决于临床判断。

“没有自闭症方面的生物测试，”他写道，“这意味着，与任何精神疾病的诊断一样，原则上，人们可以在回答临床医生的提问时，提供虚假信息，以此假装患上阿斯伯格综合征，但即便如此，临床判断和经验（这个人是在说谎吗？）也可以发挥作用。”

巴伦 - 科恩是在让我相信他的判断，但阅读了他提交给法庭的一份报告副本后（这份副本的内容是埃德温身边的人透露给我的），我发现了一些基本的错误——埃德温的“作案动机不是金钱”；他不认为“拿走博物馆的鸟类标本是做了什么坏事”，巴伦 - 科恩的错误解读或许是这次评估不可避免的结果。我花了几年的时间来确定犯罪进程表，而这位剑桥大学精神病理学家与他只见了几个小时。

又或许，这是缺乏力度的诊断过程本身所造成的难以避免的结果。在巴伦 - 科恩递交给法庭的报告中，他用埃德温在“成人阿斯伯格综合征评估”中所得的分数来支撑自己的诊断。我们有充分理由质疑某些问题的答案的有效性，例如，“我认为，仅通过观察别人的面部表情去洞察他的想法或感觉是件很容易的事情”。在 2011 年《自然》（*Nature*）杂志的一篇文章中，伦敦大学国王学院的认知神经学专家弗朗西丝卡・哈佩（Francesca Happé）对巴伦 - 科恩的诊断方法表示质疑：“与所有的自我认知一样，这些自我认知是否准确，值得怀疑。”巴伦 - 科恩的导师尤塔・弗里思（Uta Frith）也对哈佩的说法表示赞同：“目前仍缺乏严谨的研究……他现在会让人们回答‘是的，我是个对细节很感兴趣的人’，而不是给他们分配任务，进行实地观察。”

这一诊断使埃德温免受牢狱之灾，而两年后，美国精神病学会将这一疾病从第五版的《精神障碍诊断与统计手册》（*Diagnostic and Statistical Manual of Mental Disorders*）中删除。就在 19 年前，阿斯伯格综合征才作为一种单独的疾病被列入上一版手册，而现在却又被删除了。据《大西洋》（*The Atlantic*）杂志的汉娜·罗辛（Hanna Rosin）所言，这一富有争议性的转变“在很大程度上是由于诊断缺乏一致性”。在《普通精神病学文献》（*Archives of General Psychiatry*）杂志发布的一份报告中，作者发现，测试分数相近的孩子得到了不同的诊断结果：“诊断一个孩子是否患有阿斯伯格综合征，或自闭症，或其他一些发育障碍，主要取决于临床医生的某种主观臆断。”

在一篇有关阿斯伯格综合征从《精神障碍诊断与统计手册》中被删除的专栏文章中，巴伦-科恩写道：“精神疾病诊断不是一成不变的。它们是‘人为的’，历代的医生坐在会议桌旁，改变我们对‘精神疾病’的看法。”

***

我感觉我快要无路可走了。埃德温已经不再回复我的电子邮件；有关隆的真相已经浮出水面。尽管我看到隆的册子中的羽毛时，感到十分兴奋，但我知道我仍未解开这个谜团，特林博物馆失窃的大部分鸟仍然下落不明。在最后一次搜寻线索的过程中，我翻遍了所有访谈录音的1000多页的文字本，但我发觉一个跟故事密不可分的人一直在我的脑海中挥之不去，到目前为止，这个人一直躲着我。

特林博物馆的研究员告诉我，他们最初的怀疑对象是来自魁北克的飞蝇绑制者吕克·库蒂里耶，因为在两年前，他们收到了一封来自库蒂里耶的邮件，询问博物馆是否愿意卖给他一些印度乌鸦皮。他们拒绝了，但提出可以卖给他一张高清的印度乌鸦照片。这是一个非同寻常的请求，因此在阿黛尔调查此案的初期，他们曾向她提过此事，但阿黛尔排除了他是嫌疑人的可能性。

埃德温将他这位前导师称为飞蝇绑制界的米开朗基罗，在杜塞尔多夫，他告诉我，他的导师在20世纪90年代，曾进过特林博物馆的鸟类储藏室——博物馆对此表示否认——并且是他首先鼓励埃德温参观博物馆的。在采访中，埃德温说，他曾给隆寄去一些鸟皮，因为他觉得他的朋友要绑制飞蝇，“应该得到它们”。我在想：他是否也给库蒂里耶寄去了一些呢?

我开始查阅库蒂里耶闲置的“领英”社交网络账户，发现他与纽约美国自然历史博物馆的鸟皮藏品管理员保罗·斯威特（Paul Sweet）有“联系”，于是越发觉得他可疑。我迅速给斯威特发送了一条信息，他向我透露2010年4月，库蒂里耶曾要求获准参观博物馆的天堂鸟、伞鸟和印度乌鸦等藏品。当研究员询问理由时，他回答说“为了完善我的知识，检验我的某些假设”，这一回答缺乏科学性，未能通过审查。于是，他未能获准入内。

我在论坛上给库蒂里耶发送信息，但他的账户已经几年都未更新过。我从另一位飞蝇绑制者那里，打听到了他的电子邮件地址，但从未收到过他的回复。为了寻找他，我与脸书网上其他名叫库蒂里耶的人结为好友，但他似乎人间蒸发。

要打听他的下落，我脑子里只能想到一个人——约翰·麦克莱恩。当我找到他时，他正窝在地下室里，给羽毛染色，处理来自世界各地的订单。他最后一次见到库蒂里耶是在2009年的萨默塞特飞蝇展上。他安排他与经典飞蝇绑制网站的管理员巴德·吉德里同住一个房间，因为吉德里想降低旅行成本。库蒂里耶飘忽不定，古怪莫测。当吉德里称库蒂里耶偷走了他的信用卡并在周末透支了1000美元时，麦克莱恩便断绝了与这位法裔加拿大人的联系。

为了找到他，麦克莱恩建议我跟他的朋友罗伯特·德莱尔（Robert

Delisle）取得联系。不久之后，我便浏览了其脸书网相册，相册中有大量奇异鸟皮的照片。其中一张照片上有 5 只伞鸟，它们全部都保存完好，在德莱尔的绑钩台上呈扇形摆开。在另一张照片中，有一张完整的印度乌鸦皮，眼部塞着棉花。还有一张照片中有几十张博物馆保存级别的鸟皮。

我给他发了一条消息，问他能否帮我联系上库蒂里耶，但德莱尔回复我，他们已经失去联系。他告诉我，库蒂里耶在 2010 年失业。在过去的几年里，德莱尔花了 4 万美元，从他这经济拮据的朋友手里，买下了所有鸟皮。在卖光这些珍稀鸟皮和羽毛后，库蒂里耶便不再绑制飞蝇。

“他有很多印度乌鸦和伞鸟吗？”我急切地问道，而这时出生在蒙特利尔的玛丽·约瑟纠正了我的法语发音。

详细信息一行行地出现在屏幕上：库蒂里耶有“10 只印度乌鸦、5 只黑头角雉、3 只凤尾绿咬鹃、2 只大鸨及所有种类的鸫鹛”，他这里指的是蓝鸫鹛的 7 个亚种，其中的一个亚种已经濒临灭绝。

“有天堂鸟吗？”我问道。

“当然有，”他写道，“我无法列出所有的品种，但他那儿应有尽有。”

我的心怦怦直跳，我问他这些鸟皮的脚部是否还系着标签。德莱尔沉默了好一会儿，然后回答说：“是的。”

当我问他是否能跟他见一面时，他回答说，回头再跟我联系。

我本能地返回德莱尔的脸书网页面，仔细查看了数百张飞蝇、鱼钩和鸟皮的照片，以寻找更多的证据。我给麦克莱恩发送了一张图片，上面有 3 整张印度乌鸦皮，周围摆着 8 块被拔光了羽毛的胸甲：长在上面的橘红色羽毛曾闪闪发光，而如今，只剩下一块块干瘪粗糙的外皮。

“空弹壳可不少啊，”这位侦探回复道，“一定有一场激烈的枪战。”

德莱尔在展示他的藏品时，似乎并不担心引起别人的怀疑。其中一张照片上有一块华美天堂鸟皮。另一张照片上展示了蓝鹎鹛的全部 7 个亚种，旁边还有动冠伞鸟、黑头角雉和两种印度乌鸦亚种的羽毛。所有的羽毛呈扇形整齐地摆在一大张北极熊皮上。如果我能证明他从库蒂里耶那里买的鸟来自特林博物馆，我就可以从失踪鸟皮清单上画掉 20 只鸟。

但我很快便沮丧地意识到，德莱尔有一个易贝网账户。就算这些是特林博物馆的鸟皮，它们也早就销售一空。在他的“飞蝇鲍勃 2007”的账户名下，火红辉亭鸟羽毛的售价为 19.99 美元，凤尾绿咬鹃羽毛为 43 美元一根，印度乌鸦羽毛为 139 美元，而濒危带斑伞鸟的整张皮毛则以 417.50 美元的价格出售。

我共搜索出已完成的拍卖记录 2000 多条，羽毛销售额高达 11911.40 美元，其中付给易贝网的手续费超过 1300 美元。我一边读着他的客户评论——“交易十分顺利，服务态度非常好”“物流速度很快，感谢”——一边想，易贝网怎么会允许这种公然违反《濒危野生动植物种国际贸易公约》和其他野生动物贩卖法的行为存在。

然而，当我开始彻底搜查拍卖网站时，我发现德莱尔的销售额与其他的羽毛卖家相比，就是小巫见大巫。火红辉亭鸟是特林博物馆劫案中受损最严重的物种，我只简单地搜索了一下这种鸟，便跳转到了道格·米尔萨普（Doug Millsap）的拍卖页面，他的账户名为“美好生活 .503”，页面上一对火红辉亭鸟的羽毛以 24 美元的价格出售。我注意到在其中一张拍卖品照片上，背景中有一整张鸟皮，于是我便给他发了一条信息，假装有兴趣购买整张鸟皮。他说，给他 1800 美元，这张鸟皮就归我了。虽然火红辉亭鸟不是受保护物种，但在特林博物馆劫案发生前，这种鸟在飞蝇绑制圈并非十分常见。米尔萨普写道："这些拍卖品大部分来自一份 20 世纪 20 年代维多利亚时代的收藏。"他鼓励竞拍者"到我的其他拍卖中，找找那些稀有难寻的材料吧"。

在华盛顿海洋公园，米尔萨普和妻子经营一家比萨店，但他在网上发布了数量惊人的鸟皮和羽毛销售信息。他有两个独立的易贝网账户，有许多卖家评价，我不得不雇用一个调查助理来协助我将数据录入电子表格中。一只"羽毛绚丽、质量上乘"的五彩金刚鹦鹉的售价为 490 美元，蓝黄金刚鹦鹉的售价为 650 美元，一整张蓝鸫鹛皮的售价为 1675 美元。不同种类的鸟皮逐一呈现在眼前——蓝鸫鹛、十二线天堂鸟、企鹅和红尾黑凤头鹦鹉——而净收入也很快便超过 8 万美元。

易贝网的"野生动物及动物产品"政策建议其用户遵守《濒危野生动植物种国际贸易公约》等国际公约，以及《候鸟法案》等国内法规，但该公司似乎在防控或监控非法销售方面，并没有什么作为。

德莱尔和米尔萨普并没有用暗语来描述这些鸟。许多刊登物品用的就是这种鸟的拉丁学名，这对易贝网的筛选员来说，很容易将这类帖子挑选出来，如果这种筛选员存在的话。你在易贝网上绝对找不到犀牛角，但如果你输入濒危的带斑伞鸟或凤尾绿咬鹃（根据《濒危野生动植物种国际贸易公约》的附录一规定，这类鸟是严禁销售的），你就可以用贝宝支付购买，美国邮政服务公司会飞速把它送到你家门口，并且你还享有易贝网的退款保证。

我屡次给易贝网发邮件询问此事，但是该公司始终没有回复。后来，我将最近濒危鸟类拍卖的超级链接列表发给了易贝网，并质问我该如何理解易贝网通过为非法销售提供便利而赚得手续费这种行为。直到此时，他们才给我回信。

易贝网国际事务部的高管瑞安·穆尔（Ryan Moore）在几个小时内做出了回应，发来了一堆官方套话，这让我不寒而栗，使我想起了我在美国国际开发署驻巴格达机构中，作为初级公共事务官员不得不写的那些寡淡无味的东西。

穆尔写道："易贝网致力于尽其所能地保护濒危物种。"这些额外的字眼使他们摆脱了不少责任：易贝网不是正在做力所能及的事情，而是"致力于"做力所能及的事情。

穆尔继续写道："易贝网承诺禁止在其网站上销售非法野生动物产品。"易贝网没有禁止销售非法野生动物产品，而是已经"承诺"禁止销售非法野生动物产品。

穆尔强调易贝网有超过8亿件刊登物品，并且提供了"州、联邦及国际野生动物法相关细节的例子和资源链接"。他补充道，该公司"正积极地实施这一政策，有基于一定规则的筛选系统和面向易贝用户及政府机构的举报机制，并且会移除不符合规定的产品和（或）销售者"。我问他筛选系统是如何运作的，以及他是否能提供易贝网禁止拍卖物品的统计数据，而他并不愿意分享这些信息。

我给他看了一条带斑伞鸟的羽毛销售信息，这种鸟是濒临灭绝的受保护物种。卖家并没有刻意保持低调，刊登物品时用的就是这种鸟的拉丁学名。这清楚表明无论易贝网采用的是什么样的筛选系统，他们并没有将《世界自然保护联盟红色名录》中的数据录入其中，该名录是濒危物种的中心数据库。穆尔承诺会调查此事。当我再次刷新该伞鸟的拍卖页面时，这条信息不见了。

但这显然是事后的损害控制。我不想引起新闻部门人员的注意，而是很好奇，我使用易贝网在线表单拍卖会发生什么。我发布了一对凤尾绿咬鹃的非法拍卖信息，但一周后，易贝网也没有采取任何行动，这两根羽毛以 39 美元的价格售出。

德莱尔已经杳无音信。

几年来，我都是选定目标，逐个进行调查，而现在我决定在论坛上公开发帖，让整个社区的人帮我一起寻找仍然下落不明的鸟皮。我认为，如果埃德温真的是唯一的一匹害群之马，那么为什么大家不能一起努力来挽回自己的声誉呢?

俄勒冈州的羽毛经销商阿龙·奥斯托亚回复道："贪婪的丑事再次浮出水面了。"他的家族座右铭是"上帝，家庭，羽毛"。我第一次看到他的名字是在埃德温被捕的整整 4 个月前，他开玩笑说，一些印度乌鸦皮是"从自然历史博物馆里偷来的，以 3000% 的利润出售"。

奥斯托亚和其他人看到特林博物馆劫案旧事重提，并不开心。有几个人抱怨道，我就是在"故意煽动是非"。一位论坛成员气愤地提议，如果我如此在意，我应该将我著作的预付款捐给博物馆。瓦尔·克罗皮夫尼茨基（Val Kropiwnicki）称我是个爱搬弄是非的人，他随后问道："也许我只是厌倦了政治迫害？也许我们都深受其害？"

管理员巴德·吉德里很恼火。他说，尽管他已经尽了最大的努力，但特林博物馆劫案这一话题根本"无法深埋"。他宣称会将我的帖子一直留着，直到情况"越来越糟……然后我将重新将此事掩盖起来，直到它之后再次被提起”。

此后不久，他写道，人们对他进行“狂轰滥炸”，给他发私信让他删除这篇帖子。

我不禁想知道，他们为何如此不安？我只是请求他们帮助找回被盗的赃物，然后还给博物馆。我甚至已经做好安排，保证他们可以将鸟匿名还给特林博物馆。

在帖子发布的几个小时后，吉德里宣布我的帖子将会被删除：“论坛社区的成员已经表态。我向你们保证：有关这个话题或涉案人员的帖子一经发布，便会被立即删除。”

吉德里告诉我，已经有41位成员私下请求他删掉我的调查帖子。

25

血液中的羽毛

几周后，罗伯特·德莱尔终于回复了我的消息，但他的说法已经变了。他现在称鸟皮上没有标签。我问了他一个有关库蒂里耶的问题，他说他不认识他。我意识到从他这里已经得不到任何消息，于是写道："我只是想知道你什么时候从他那儿买的鸟皮。"15 分钟后，他回复道"祝你好运"，然后便杳无音信。

德莱尔从库蒂里耶那儿买的鸟皮是来自特林博物馆吗？

我迫不及待地想得到答案，但我甚至不知道库蒂里耶是否还活着：玛丽·约瑟发现了一篇法文讣告，死者的名字就是库蒂里耶。除非我打算把蒙特利尔的收容所、停尸房和墓地搜个遍，否则库蒂里耶就已从这个故事中消失。

我们的宝宝还有一个月就要降生了，玛丽·约瑟感觉到我很失望，却问了一个令我醍醐灌顶的问题："如果他还活着，他承认鸟皮是埃德温给他的，那又怎么样呢？然后呢？不管怎样，鸟皮不是已经没了吗？"

"我想，我早该知道。"我嘟囔道，突然意识到我所痴迷的事情回报越发渺茫。

起初，特林博物馆劫案这一谜团对我来说，只不过是个智力游戏，能够使我暂时摆脱"名单项目"所带来的工作压力。我花了几年的时间试图让人们关注成千上万逃离战争的难民，而那场战争早已不再为人们所关注。我为了争取一个戏剧性的、快速的解决方案——空运我们的译员——而发起的活动以惨烈的失败而告终。而我知道，如果幸运的话，我迎来的将是受益无穷的人生。

如今，我在网上搜索库蒂里耶的踪迹，我意识到自己陷入了另一场无休止的斗争。我任命自己为特林博物馆鸟类的拯救者，尽管很久以前，博物馆就已经不再搜寻它们的下落，把它们当作科学损失而一笔勾销。警方在罪犯认罪和案件结案之后，也不再进行调查。飞蝇绑制者们显然不想跟我的追查扯上任何关系。

特林博物馆的电子表格是地图的一块碎片，让我开启了这场探险之旅，但我发现的只是片片废墟。我出发寻找 64 张鸟皮，我知道其中的两张鸟皮残骸在南非的鲁汉・尼特林手中。如果隆帮埃德温卖掉了 20 张鸟皮，那么要寻找的鸟皮数量便降到了 42 张。如果库蒂里耶的鸟皮也来自埃德温，而德莱尔的计数又准确无误，那么我需要寻找的鸟皮数量便降到了 22 张。

但我总是来迟一步。隆早就将他手里的所有鸟皮都卖光了。即使我能证实库蒂里耶的鸟皮属于特林博物馆，德莱尔也已经把这些鸟皮全都拍卖了。鲁汉正准备着迎接那场狂喜，对我的任务毫不在意。如果埃德温耍了我，将鸟皮长期储藏在杜塞尔多夫的某个地方，我永远也不会知道——在谈话之后，他便一直保持沉默。

我唯一亲眼看到的就是隆手里的羽毛，但我开始怀疑，他会不会将它们还给特林博物馆。

更糟的是，我还发现了其他飞蝇绑制者盗窃博物馆的罪行。在特林博物馆劫案发生的几年前，至少有两家德国的自然历史博物馆——分别位于斯图加特和法兰克福市——被盗走了几十张印度乌鸦和蓝鸫鹛鸟皮。据信，窃贼是一名资深的美国飞蝇绑制者，他兼职做害虫防控专家：据说，他在喷洒杀虫剂时，用胶带将鸟皮粘在他的白色工作服里。玛丽・约瑟忧心忡忡地问我，我现在是否正在追查更多失窃鸟皮的下落。

越来越多的博物馆研究员向我讲述各种标本劫案的来龙去脉，我随之想到了贯穿特林博物馆鸟类劫案的两股人性洪流：其中一股洪流中奔流的是艾尔弗雷德·拉塞尔·华莱士、里克·普鲁姆（Rick Prum）、斯潘塞、便衣侦探艾里什、保护鸟免受齐柏林飞艇和纳粹德国空军伤害的研究员联盟，以及研究每一种鸟皮以获得洞见的科学家们。他们使我们对世界的理解点滴增加。

人们穿越世纪因信仰而联结在一起，他们坚信这些鸟值得保护。他们相信这些鸟会给后代提供帮助，相信科学进步的步伐将源源不断地提供研究这些古老鸟皮的新方法。

另一股洪流中流淌的是埃德温、羽毛地下组织和几个世纪以来，那些为了追求财富和地位而肆意劫掠天空和森林的男男女女。他们受到贪婪和欲望的驱使，想要占有别人无法拥有的东西。

在知识与贪婪之战中，贪婪似乎必定会赢得胜利。

***

在宝宝降生前的最后一次旅行中，我参观了一个类似的战场——纽约的羽毛交易区，而这场战争早在一个世纪前就已经打响。

百老汇大道穿过格林威治村，而在其中一段路的人行道上，鸽子在四处转来转去，看到穿着运动鞋和高跟鞋匆匆走过的人们时，几乎不会躲开。它们周围的城市已经渐渐改变，大多变得更好。但旧时羽毛商人所在的建筑仍投下冰冷的阴影，一如 120 年前一般。那时，10 万纽约人将空中翱翔的珍宝做成帽子。

我在街上闲逛，头脑中浮现出一幅画面：楼上摆着大桶大桶的染料，批发商快速翻看着数以千计的鸟皮，为每公斤的价格讨价还价。羽毛工人推着从马来群岛刚刚运到的鸟皮，沿着小巷一路行走，沿途驱赶着想要啃食毛茸动物的流浪狗。法国移民精通巴黎羽毛行业的诀窍，他们以此为生，在附近法国人聚集区的廉价公寓阁楼上，给羽毛染色、做造型。上西区的母女们为了追求最新的羽毛流行式样蜂拥而至。

我在百老汇大道 625 号华丽的铸铁壁柱前停住了脚步，P.H. 阿德尔森兄弟公司曾在这里展示过一排排最时髦的“白鹭、天堂鸟和鸵鸟羽毛”。里面的墨西哥餐厅中，一行高中生正在排队购买墨西哥卷饼。

我是在 1899 年出版的一本《女帽贸易评论》上发现的这个地址。这本杂志的编辑对取得节节胜利的奥杜邦协会和力图搞垮这一行业的环保主义者大肆谴责，责备他们以自由市场之名，试图“蛮横地规定美国妇女应该穿什么，以及美国商人应该买卖或进口什么”。

世纪之交，《雷斯法案》和其他一些早期环保法相继通过，这令店面里堆满鸟皮的商人极度抓狂。编辑们咆哮道：“女帽行业严格遵守现有的愚蠢法律，然而，若再有任何此类法律通过，我们都将进行强烈抵制。”

伯赫曼 & 科尔顿公司、马克斯・赫尔曼公司、威勒曼公司及 A. 霍赫海默尔公司最终都在重重压力下倒闭。它们的压力来自不断变化的流行趋势和新的法律，而最大的压力来自社会观念，人们认为，为了满足自己对美丽鸟的占有欲，已经做得太过火。

我穿过布利克街，在一幢 12 层高的大楼前停下。纽约女帽供应公司、阿伦森高档头饰公司和殖民地帽业公司都曾坐落在这幢大楼里。我曾读过一篇报道，上面说在第一次世界大战结束后，警方在这里查获了一大批羽毛。

我来到了宠物大卖场前，正门入口附近挂着一张巨幅的鹦鹉海报，上面写着：室内有奇异宠物。

有机猫粮和狗狗救生用具摆放得如迷宫一般，穿过这个“迷宫”，在晦暗的角落里，摆着 4 个及膝高的笼子。我蹲下来，看到里面装着 20 只蓝绿色的长尾小鹦鹉。旁边的标牌上写着：选一只色彩艳丽的伙伴吧。在一个笼子的地板上，一只长着橘色喙的织布鸟摇摇晃晃地站在一堆木屑上，茫然地盯着摆满猫抓板的过道。这只鸟的售价为 23.99 美元（会员价为 21.99 美元）。

我的手机嗡嗡作响，我收到了一条来自隆的短信。

最近，他告诉我，他觉得自己像《钢铁侠》（*Iron Man*）中的托尼·斯塔克（Tony Stark）。在这部影片中，斯塔克是一名国际军火商，他被自己的一枚导弹击伤。这使他改变了自己的生活方式，与邪恶势力进行对抗。隆正计划发起一场“可持续飞蝇绑制”运动，为此他兴奋不已。他将自己飞蝇绑制高手的身份抛诸脑后，转而使用普通的羽毛。飞蝇绑制者们对受保护的奇异鸟类怀有一种毁灭性的痴迷，他要与之对抗。

我为他感到骄傲，但当他鼓起勇气，最终在他的脸书网页面上宣布这一消息时，那些飞蝇绑制者对此嗤之以鼻。一位名叫豪尔赫·马德拉尔（Jorge Maderal）的西班牙人不为所动，称他需要“感受羽毛的真正质地”及“厚重的历史”。他是脸书网一个专门买卖稀有羽毛的私人群组的负责人。在经典飞蝇绑制网站上，羽毛和鸟皮仍然在售。在易贝网上，买卖受保护物种的羽毛也如往常一样容易。

隆给我发短信说：“说服人们放弃使用奇异羽毛真的太难了！”他感到灰心丧气。“人们只会嘲笑我，不会把我的话当回事。”我回想起，埃德温对我讲过的、他对人性的理解：人们知道是禁忌的事情反而充满诱惑。当我问埃德温，他为何不用那些染色的仿真羽毛当替代品时，他皱了皱眉头说道：

“你知道它是假的，这会一直折磨着你……所有人为此都受尽折磨。包括我在内。”

这种诱惑力的确很强大。我还记得埃迪・沃尔费（Eddie Wolfer）的故事，他是一名飞蝇绑制者，因拥有一只活的蓝鸫鹛而闻名。几年前，他因脑瘤被紧急送往医院接受手术。他的头盖骨上被嵌入了一块金属板，而这时，两位飞蝇绑制者敲开了他家的大门，说服他的女朋友将鸟卖掉。随后，他们将这只鸟杀掉，并在下一届的飞蝇绑制展上出售。埃迪在论坛上发帖哀叹道：“这两个杂种腰缠万贯。人到底能多贪婪。你们知道自己的身份。我原本还把你们当朋友。”

我给隆发了一条短信，想问问他是否把羽毛还给了特林博物馆。

“马上！”他回复道。

***

从我开始着手调查此事，一晃几年的时间已经过去了。而此时，我又和斯潘塞置身于格兰德河谷之中，寻找鳟鱼。蓝翼橄榄蜉蝣正处于孵化期，它们浮到水面上晾干翅膀，期盼在被吞掉之前振翅高飞。我那天不在状态，抛投鱼钩时老是出问题，我不断地将飞蝇从河岸边的矮松和芒草上解下来，这花了我一半的时间。而斯潘塞抛投的鱼钩却像弹弓一般穿过荆棘：他捏住飞蝇，把鱼竿尖部指向前方，将鱼线从最窄的空隙中抛出去。

他第一次提到埃德温这个名字是 5 年前。在这 5 年中，伊拉克战争已经结束，而另一场战争已经打响。我与玛丽・约瑟坠入爱河，结束了“名单项目”，搬到了洛杉矶。我们生了一个健康快乐的男孩，当他看到育儿室窗边的蜂鸟在喂食器前轻快地飞来飞去时，他的眼中充满了喜悦。我们都沿用了祖父的中名，但这个名字也属于一个对我们家来说很特别的人：华莱士。

我和斯潘塞默不作声地走了很长一段路，到达了一小片水域。我们让飞蝇漂流到深水区，搜寻水面下的闪光处，仔细观察浮在水面上的蜉蝣的大小。

我告诉斯潘塞，我刚刚收到一封来自华莱士曾孙比尔（Bill）的电子邮件。他告诉我，几年前，他93岁的父亲理查德（Richard）受邀到特林博物馆参观华莱士收集的天堂鸟。而托盘被拉开时，里面却空无一物。

斯潘塞啧啧地表示遗憾。在目睹飞蝇绑制者们如何响应我寻找失踪鸟皮的呼吁后，他觉得自己必须做一名改革者。他秉承凯尔森精神，正在创作一本书，但他将所有用到奇异物种的维多利亚式飞蝇绑制法全部删掉了，它们曾使这一群体被黑暗的诅咒笼罩。他确信，使用普通廉价的羽毛也能绑出同样美丽的鲑鱼飞蝇。

河上的日子无比美好，生活中那些不断振动的设备和发光的屏幕全都消失不见。眼前只有水温、流速、变幻莫测的鱼、制作精准的飞蝇和利落的抛竿。一切都那么纯洁、宁静、充满希望。

普鲁姆博士抨击那些维多利亚式飞蝇绑制者，说他们死命地抓住一个已经不复存在的世界，称他们是在现代世界追寻意义的“恋史癖者”。但他的话一出口，我便知道这在某种程度上也适用于我。我垂钓的河流左右都筑了水坝。河中许多地方都被工矿废水和农业废弃物堵塞了。甚至我们所追踪的河鳟都并非“天然”，它们是1883年从巴登符腾堡州的黑森林地区运送而来，引入我们的溪流中的。为了用假蝇钓这些鳟鱼，我从国家渔猎部门购买了许可证，这些部门负责管理孵化场，孵化场向水中投放鳟鱼并进行养殖。

斯潘塞和我涉水而上，一只雄鹰在头顶上方盘旋。成群的小鸟将它围住，拍打着它的翅膀和尾巴，但它仍耐心地盘旋翱翔，等待时机。

“前几天，我接到了罗杰・普劳德的电话。”他说道。他知道在前几年的飞蝇绑制研讨会上，普劳德公然对我进行威胁。

“是吗？”

“他手里有一大堆火红辉亭鸟正在出售。”

“真的吗？”

“但当我告诉他，我要和你一起去钓鱼时，他就挂断了电话。”

我身体里的猎犬想奔上河岸，跳上飞机，冲到普劳德家的大门前，但我清楚我的任务已经结束了。即使我给特林博物馆寄去一份确切的名单，上面记载着 500 个购买博物馆鸟类残骸的人的名字，也什么都不会发生。博物馆没有理由继续追查已无任何科学价值的羽毛。

我们涉水前行，从倒下的大树上爬过去，默默地打着手势，指向毫无戒备的鳟鱼。冰冷的河水使我们双腿乏力，步履沉重。但我们仍逆流而上，头顶上是矮松和乌鸦，河流仿佛永无尽头。我们搜寻着水面下快速闪过的金光。

***

那年秋天，维多利亚式飞蝇绑制者们登上了飞机，从世界各地赶去参加第 26 届国际飞蝇绑制研讨会。本届研讨会又一次在新泽西州萨默塞特郡的双树酒店举办。

这次活动的负责人及主要倡导者查克・福瑞姆斯基（Chuck Furimsky），将本届研讨会描述为“飞蝇绑制者的终极糖果店……这里应有尽有——琳琅满目的飞蝇商店、观看不完的精彩表演……分享不尽的飞蝇绑制秘诀”。包括约翰・麦克莱恩和罗杰・普劳德在内的 100 多位知名飞蝇绑制者都将参加这次研讨会。

这次展会的主题是“永无止境”。

鱼类和野生动物管理局的探员不会来萨默塞特。相反，他们关注的焦点是抢占头条的犀牛角和象牙破坏案。最近，一名加拿大大学生在边境被抓，他将51只甲鱼绑在腿部，打算卖给迷上食用甲鱼的中国人。他被判5年监禁。在一次法庭陈述中，他对美国司法系统表示感谢，因其“阻止了我的贪婪和无知所造成的罪恶”。

然而，参加“永无止境”研讨会的人知道自己是安全的。那些手握埃德温所盗鸟皮的人，只需把标签剪掉，便能销毁证据，逃脱法律制裁。而那些购买小块鸟皮或单根羽毛的人清楚，没有什么能把他们的猎物与犯罪联系起来。

从整张鸟皮上，他们得到了羽翼、胸甲和披风。

从小块鸟皮上，他们得到了单根羽毛。

极少数的绑制者会把它们收藏在放有樟脑丸的抽屉中，独处时私下欣赏。而其他人则清楚特林博物馆和执法机关甚至已经不再追查这些鸟皮，便公然进行交易，反复买卖，直到大量鸟类融入羽毛地下组织的血液之中。

不久之后，从博物馆偷盗羽毛又成了论坛上的笑料。一位论坛成员发布了一张照片，照片上他站在伦敦自然历史博物馆的一件大鸨标本前，这时一位用户回复道：“谢天谢地，它被一个玻璃罩子保护着。我能看出那只大鸨惊恐的眼神。”

另一位论坛成员上传了他最近参观费城自然科学学院时拍摄的一些鸟类标本照片——蓝鸫鹛、大绿金刚鹦鹉和天堂鸟。

标题是“呼叫：特工埃德温·里斯特”。

***

2016 年 1 月，邮递员来为罗伯特 · 普里斯 - 琼斯博士送信，他穿过停车场时，靴子踩在雪上吱嘎作响。不远处，孩子们拉着雪橇爬上特林公园里平缓的小山，准备再次滑下去。他们的父母欢呼着，口中呼出的哈气在 1 月冰冷的空气中清晰可见。在沃尔特 · 罗斯柴尔德博物馆里，孩子们瞪大了眼睛，把手掌贴在玻璃上，盯着那只北极熊标本观看，然后又飞速跑开，去看犀牛。

信封上用整齐的印刷体写着收件地址，但没有寄件地址，而上面贴着一张挪威邮票。

工作人员打开信封时，发现里面没有信，只有一个装满了黑色、橙色和深红色羽毛的密封塑料袋。经过一番讨论，一位研究员带着这袋羽毛，穿过寂静的长长走廊，来到储藏室。他沿途经过了浸在酒精中的维多利亚时代的鸟、成千上万的鸟蛋和骨骼、濒危和灭绝物种的标本、达尔文的雀类，以及曾经存放着华莱士收集来的鸟类的柜子，最终他在一扇柜门前停住了脚步，上面的标志写着红领果伞鸟。

一个托盘被拉了出来，里面露出一堆犯罪现场证据袋。这袋从挪威寄来的东西被放在了里面，然后柜门嘭的一声轻轻关上……

致谢

THE
FEATHER
THIEF

要等到致谢的结尾部分才能表达对配偶的感谢，这似乎是惯例。但如果维京出版公司允许，我会在这本书的封面、每页的页眉页脚都写满对妻子的感谢。我们初次约会时，我便提到我想创作一本书，内容是关于一个孩子从英国博物馆偷盗死鸟的故事。不可思议的是，她不仅答应再次和我约会，还愿意与我共同生活。在长达数年的调查中，面对我的日益痴迷，她内心一定闪过了一丝怀疑，但她从未表露出来。早在我签订出书协议之前，她便对这个计划充满信心。在我凭着疯狂的直觉在全世界飞来飞去调查这些失窃鸟皮时，她一直给予我支持。我们婚后 6 个月，她便飞往杜塞尔多夫，协助我采访埃德温。她操作着录音设备，而一名保镖就躲在外面。

她将书页放在她的孕肚上，阅读了每一份草稿，而我这时正兴奋地将一些新发现信笔写来。在我们的儿子奥古斯特（August）出生后，她一边设法在母亲的职责和全职工作之间做出平衡，一边帮助我将此书构思成形。在后期修订阶段，她承担了所有的工作，而这时我们的宝贝女儿正在她的肚子里一天天长大。她是我见过的最坚强的人，没有她，便不会有这本《遇见天堂鸟》。

如果凯瑟琳·弗林（Katherine Flynn）告诉我单腿跳一个月，我也会毫不犹豫地这样做。因为我完全信任她的建议。她是一位超级代理人，除此之外，她还才华横溢、幽默风趣、聪明睿智，是一位值得托付真心的朋友。

我对凯瑟琳·考特（Kathryn Court）深表感谢，她对此书充满信心，并促成维京出版公司将其出版。此书经过多次修改，在此期间，琳赛·施沃瑞（Lindsey Schwoeri）、约卡斯塔·汉密尔顿（Jocasta Hamilton）、萨拉·里格比（Sarah Rigby）、格蕾琴·施密德（Gretchen Schmid）及比娜·卡姆拉尼（Beena Kamlani）提供了极具启发性的反馈，他们将稿件退回修改并耐心地给予我支持。与他们并肩作战是我的幸运。

我还要感谢尼瑞姆与威廉斯文学代理公司的霍普·丹纳坎普（Hope Denekamp）、艾克·威廉斯（Ike Williams）及保罗·森诺特（Paul Sennott），为我协调国外版权的巴罗国际版权公司的丹尼（Danny）及希瑟·巴罗（Heather Baror），英国哈钦森公司的约卡斯塔·汉密尔顿；荷兰阿特拉斯联络公司的莫杰克·维姆普（Marijke Wempe），德国德勒默尔公司的汉斯 - 彼得·尤布雷斯（Hans - Peter Uebleis），以及瑞典布龙贝格斯公司的莉娜·帕林（Lena Pallin）。

我到洛杉矶的第二天就遇到了茜尔维·拉比诺（Sylvie Rabineau），她具有与生俱来的影响力，对我的作品充满信心，为我的书做宣传，并给我提供明智的指导。

我要特别感谢来自新墨西哥州陶斯的斯潘塞·塞姆。如果我们没在 2011 年秋天的那个日子一同去钓鱼，我或许永远不会听到埃德温·里斯特这个名字。在那以后的几年里，他一直在对这个计划提供帮助，耐心地接听我的电话，推测失踪鸟皮的下落，向我讲解绑制飞蝇的技巧及其历史。在这一过程中，我们成了亲密的朋友。任何人若想与国内最好的飞钓指导度过一天，就应该访问齐亚飞蝇网站（ZiaFly.com），网站上还可以买到他所绑制的华丽精美的鲑鱼飞蝇（他所使用的羽毛都符合法律和道德标准）。

我非常感谢特林（和伦敦）自然历史博物馆的工作人员。几年来，他们一直包容我，耐心地回答我的问题，而这些问题都是关于博物馆那段令人不悦的历史。

值得称赞的是，他们总是乐于并尽其所能地分享信息：发生在他们身上的事情并不是他们的错，我真心希望英国（和全世界）各博物馆所在地政府能够为标本保护提供更多的资金。我要特别感谢罗伯特·普里斯-琼斯博士，马克·亚当斯，理查德·莱恩博士，以及新闻办公室的克洛艾（Chloe）和索菲（Sophie）。

这次调查的乐趣之一便是结识了赫特福德郡警察局的阿黛尔·霍普金。她总是毫不吝啬自己的时间，及时回答我有关失踪鸟皮的各种问题。我要感谢警局的汉娜·乔治乌（Hannah Georgiou）和蕾切尔·海德（Rachel Hyde）在照片方面为我提供的帮助。在其他的英国司法部门，我要感谢皇家检察署的戴维·克赖姆斯和塔帕石·纳德拉贾（Tapashi Nadarajah），我还要感谢圣奥尔本斯刑事法院，感谢他们允许我发表量刑听证会的内容。

里克·普鲁姆博士是我遇见的最优秀的人之一，他幽默风趣、才华横溢、细致体贴。我要对他表示感谢，感谢他腾出那么多的时间，感谢他阐明鸟类的生存状态，感谢他解释现代研究员的使命，感谢他送给我一本初版的《美的进化》（*The Evolution of Beauty*），这无疑将会成为一本极具影响力的著作。

感谢鸟类生态保护组织和欧洲鸟类研究员电子布告栏论坛上的鸟类学家，在调查的后期阶段，他们给予了我极大的帮助。感谢詹姆斯·雷姆森（James Remsen）、马克·亚当斯和道格拉斯·罗素（Douglas Russell）在我询问信息时，为我提供便利，也感谢所有做出回应的研究员。

芝加哥菲尔德博物馆的约翰·贝茨（John Bates）博士、纽约美国自然历史博物馆的保罗·斯威特博士及史密森尼国家自然历史博物馆的柯克·约翰逊（Kirk Johnson）博士（这是一次多么不可思议的会面！）为我提供了许多资源。

戴维·阿滕伯勒（David Attenborough）爵士大概无法体会我在邮箱中发现他的来信时是多么激动——在收到他的第一封来信时，我犹豫彷徨，还没有为这本书找到出版商。他在电话中与我讨论特林博物馆劫案、他心爱的天堂鸟及艾尔弗雷德·拉塞尔·华莱士，对此我永远心怀感激。

我还要感谢艾尔弗雷德·拉塞尔的曾孙比尔·华莱士，感谢他对我讲述了他父亲的自然历史博物馆之旅。

阮隆在挪威对我敞开家门，让我走进他的生活，接受了一场极富挑战的访谈。在我进行的所有访谈中，他最为认真诚实。

我还要感谢埃德温·里斯特同意亲口对我讲述他的故事。在大约 8 小时的时间里，他有无数次机会夺门而出，但他回答了我提出的所有问题，这十分令人敬佩。我从未见过他的父亲柯蒂斯，但我想感谢他所做的种种努力，为了寻回博物馆的鸟，他花费了大量的财力。

尽管众多的飞蝇绑制者对这个计划充满戒备，但我仍感谢每一位与我交谈的绑制者。他们是约翰·麦克莱恩、爱德华·穆泽罗、延斯·皮尔加德、罗伯特·沃克（Robert Verkerk）、马尔温·诺尔蒂、托尼·史密斯（Tony

Smith)、戴夫·卡恩、迈克·汤恩德、巴德·吉德里、吉姆·高甘斯(Jim Goggans)、特里、菲尔·卡斯尔曼、斯图尔特·哈迪(Stuart Hardy)、加里·利特曼(Gary Litman)、保罗·戴维斯(Paul Davis)、肖恩·米切尔(Shawn Mitchell)、鲁汉·尼特林、T.J. 霍尔、罗伯特·德莱尔、弗莱明·赛日尔·安德森(Flemming Sejer Andersen)、艾里什、安德鲁·赫德、莫蒂默、瑞安·休斯敦(Ryan Houston)和保罗·罗斯曼(Paul Rossman)。我还要感谢那些幕后或不宜公开的交谈者。

怀廷农场的汤姆·怀特(Tom White)不仅对我敞开大门，还亲自去机场接我：感谢他让我了解了家禽羽毛基因遗传这个不可思议的领域。

感谢“华莱士信件项目”的负责人乔治·贝卡罗尼(George Beccaloni)在本书有关华莱士的那一章节所做的有益评论。

我的好友贾奇·马克·沃尔夫(Judge Mark Wolf)介绍我和杰夫·考恩(Geoff Cowan)相识。自相识之日起，考恩便给予我无尽的鼓励和帮助。能成为南加州大学安嫩伯格中心沟通领导与政策方面的高级研究员，我感到很荣幸，感谢这个团队，尤其要感谢伊夫·博伊尔(Ev Boyle)和苏珊·戈尔兹(Susan Goelz)。

创作这本书的想法是我居住在新墨西哥州的海伦妮.G. 沃利策基金会时萌生的。在新罕布什尔州麦克道尔文艺营的德尔塔·奥米克隆工作室里，我度过了一段难忘的时光，进行了大量的历史研究(我要特别感谢戴维·梅西 [David Macy] 和谢里尔·扬 [Cheryl Young])。

感谢蒂姆(Tim)和内达·迪斯尼(Neda Disney)对我的支持，也感谢他们允许我在他们的约书亚树屋中撰写这本书早期版本的出版计划。

我很幸运能有乔治·帕克(George Packer)这样一位导师和朋友。他比大多数人都了解我，知道伊拉克战争带给我的困境。当我考虑将“名单项目”抛在脑后，开始一段新的生活时，他给予我的只是明智的建议和鼓励。

南希·厄普代克（Nancy Updike）教会我使用马兰士录音设备，也听了我最早的录音采访。她几乎比任何人都更早意识到这个离奇故事的价值。

约翰·雷（John Wray）、迈克尔·勒纳（Michael Lerner）和马克斯·韦斯（Max Weiss）都花了大量时间阅读这本书早期结构松散的草稿，并提出了宝贵的意见。他们的反馈使这本书的质量得到了极大的提高。

感谢胡克斯特拉（Hoekstra）兄弟：感谢蒂姆在查找公共档案方面对我的指导，感谢米沙（Misha）帮我翻译有关非法鸟类交易的电子邮件。

我永远感激那些让我保持清醒和快乐的朋友：马克斯·韦斯（Max Weiss）、汤姆（Tom）和克里森·哈德菲尔德（Christen Hadfield）、彼得（Peter）和莉萨·诺厄（Lisa Noah）、杰克（Jakke）和玛丽亚·埃里克松（Maria Erixson）、萨拉·乌斯兰（Sarah Uslan）和伊恩·邓肯（Ian Duncan）、梅拉妮·若利（Mélanie Joly）、亨里克（Henrik）和维多利亚·比约克隆德（Victoria Björklund）、劳伯娜·阿明（Loubna El–Amine）、乔纳森（Jonathan）和塔拉·塔克（Tara Tucker）、阿梅莉·康坦（Amélie Cantin）、朱莉·施洛瑟（Julie Schlosser）和拉吉夫·钱德拉塞克兰（Rajiv Chandrasekaran）、凯文（Kevin）和安妮·雅各布森（Annie Jacobsen）、蒂姆·胡克斯特拉（Tim Hoekstra）和法蒂玛·罗尼（Fatimah Rony）、约翰·雷（John Wray）、莉齐（Lizzy）和肖恩·彼得森（Shawn Peterson）、亚尼克·特鲁斯代尔（Yanic Truesdale）、埃兹拉·斯特劳斯贝格（Ezra Strausberg）和恩里克·古铁雷斯（Enrique Gutierrez）、菲利普·韦尔伯恩（Philip Wareborn）和汉娜·赫尔格

林（Hanna Helgegren）、乔恩・斯塔夫（Jon Staff）、米纳（Meena）和利雅卡特・艾哈迈德（Liaquat Ahamed）、加尔・布尔特（Gahl Burt）、阿里・托波洛夫斯基（Arie Toporovsky）、埃迪・帕特尔（Eddie Patel）、贾斯廷・萨道斯卡斯（Justin Sadauskas）、凯文・布鲁尔（Kevin Brewer）、蒂姆・马丁（Tim Martin）、安迪・拉夫特（Andy Rafter）、杰西・戴利（Jesse Dailey）、马克西姆・罗伊（Maxim Roy）、谢林・哈姆迪（Sherine Hamdy）、阿丽莎（Alyshia）和李・纳兹（Lee Knaz）、安东尼・蔡斯（Anthony Chase）和索菲娅・格鲁斯金（Sofia Gruskin）、玛丽斯（Maryse）和热罗姆（Jérôme）、丹尼斯・施皮格尔（Dennis Spiegel）、阿扎尔・纳菲西（Azar Nafisi）、蒂姆和安妮特・纳尔逊（Annette Nelson）、雅尼娜・坎廷（Janine Cantin）、德布（Deb）和汉娜・范德莫伦（Hannah VanDerMolen）、贝芙（Bev）、肯（Ken）和珍妮・派根（Jennie Paigen）、奥斯曼（Usman）和纳迪娅・坎（Nadia Khan）、托娜・拉沙德（Tona Rashad）、雅阁汗（Yaghdan）和（Ghada Hameid）、塞里姆・切廷（Serim Çetin）、乔丹（Jordan）和劳伦・戈登堡（Lauren Goldenberg）、穆罕默德（Mohammed）和阿提亚夫・拉维（Atiaf al-Rawi）、马特・金（Matt King）和萨拉・坎宁安（Sarah Cunningham）、莱拉（Lela）和马克・斯姆雷切克（Mark Smrecek）、萨莉・哈钦森（Sally Hutchinson）和约翰・卡特赖特（John Cartwright），以及永远安息的卢克（Luke）叔叔。

我始终觉得出生在约翰逊（Johnson）家族是一种莫大的幸运。父亲带着对我的爱，认真阅读了每一份手稿，而母亲则在我们的房子里摆满了羽毛饰品，并且也给我的妻子戴上羽毛装饰物。索伦森（Soren）和德里克（Dereck）不但是我的兄弟，也是我最好的朋友。他们连同卡罗琳（Carolyn）、埃弗（Ever）和贝蒂（Betty）姑妈都给此书的早期版本提供了有价值的反馈。我的岳母大人苏珊·拉多赛尔（Suzanne Ladouceur）甚至也加入了这场鸟类狂欢，她从尼泊尔买了许多黄铜天鹅来庆祝我们的婚礼和孩子的降生。

将我无尽的爱献给奥古斯特；献给我们的女儿，在我写下这段文字的3个月后，她就要降临到我们身边了；献给玛丽·约瑟，我生命中所有善良、美好、智慧的源泉。

资料来源说明

本书参考了大量的第一手资料，包括法庭记录、警方调查记录、私人信件和邮件、截至目前尚未公布的博物馆劫案报告，以及递交给刑事法院的人品推荐信和其他报告等。其中一些资料是通过《信息自由法》查询获得的，另一些资料是当事人直接分享给我的。在某些情况下，资料中没有出现提供者的姓名或使用了假名。

我从上百个小时的访谈中受益匪浅。我采访了几十位飞蝇绑制者、鸟类学家、进化生物学家、历史学家、研究员、皇家检察署的检察官、赫特福德郡警员、羽毛商人、美国鱼类和野生动物管理局的探员，以及这个故事的核心人物。

在创作本书之前，我与许多人一样，认为网上发布的东西几乎无法删除，但我痛苦地意识到我是多么天真：我的调查总是在与时间赛跑，或者更准确地说，与删除键赛跑。我有成百上千张与特林博物馆劫案相关的脸书网和论坛帖子的截图，而在我截图后不久，它们就被删除了。互联网档案馆推出的“时光倒流机器”帮我挖掘出了许多在我开始调查前便已经被删掉的帖子。其他截图是关注此内容的人发给我的。

当某个人的言论出现在引号中时，这表明我是从谈话录音的文字本、原始电子邮件、法庭文件、论坛帖子、手机短信或脸书网评论中直接引用的。在某些情况下，尤其是在论坛或脸书网的帖子中，为了方便阅读，我将拼写和语法稍做编辑。

对于重塑华莱士的故事而言，约翰·范·维尔（John Van Wyhe）、迈克尔·舍默（Michael Shermer）、罗斯·斯劳顿（Ross Slotten）和彼得·雷比（Peter Raby）的作品对我有极大的帮助。但要理解这位才华横溢的作家，没有什么比阅读他自己的文字更棒。我大量引用艾尔弗雷德·拉塞尔·华莱士的原始笔记和信件，这些信息被数字化，并起到了有益作用，成为“华莱士信件项目”和“林奈学会”的部分内容。

对于了解维多利亚时代的历史而言，林恩·梅里尔（Lynn Merril）、理查德·康尼夫（Richard Conniff）、米丽娅姆·罗斯柴尔德、D.E. 艾伦（D.E.Allen）、迈克尔·史莱布（Michael Shrubb）和安妮·科利（Anne Colley）的学术著作起到了至关重要的作用。

对于了解羽毛流行史而言，罗宾·道蒂所著的《羽毛时尚与鸟类保护》（*Feather Fashions and Bird Preservation*）是最为重要的参考资料。芭芭拉（Barbara）与理查德·默恩斯（Richard Mearns）合著的《鸟类收藏家》（*The Bird Collectors*）及长达 27 卷的《大英博物馆鸟类目录》（1874—1898）也对我有所帮助。索尔·汉森（Thor Hanson）为其作品倾注了大量时间：阅读其著作《羽毛》（*Feathers*）是一种享受。其他档案资料是我从南加州大学的图书馆中获得的。

安德鲁·赫德和摩根·莱尔（Morgan Lyle）创作的有关飞蝇钓法和飞蝇绑制的作品对我来说极具参考价值。